电动汽车充换电服务定价策略研究

梁燕妮　主编

中国电力出版社
CHINA ELECTRIC POWER PRESS

图书在版编目（CIP）数据

电动汽车充换电服务定价策略研究 / 梁燕妮主编. —北京：中国电力出版社，2021.8（2022.3重印）

ISBN 978-7-5198-5931-2

Ⅰ. ①电… Ⅱ. ①梁… Ⅲ. ①电动汽车–充电–定价–研究–中国 Ⅳ. ①U469.72

中国版本图书馆 CIP 数据核字（2021）第 168845 号

出版发行：中国电力出版社

地　　址：北京市东城区北京站西街 19 号（邮政编码 100005）

网　　址：http://www.cepp.sgcc.com.cn

责任编辑：岳　璐（010-63412339）

责任校对：黄　蓓　王海南

装帧设计：张俊霞

责任印制：石　雷

印　　刷：三河市百盛印装有限公司

版　　次：2021 年 8 月第一版

印　　次：2022 年 3 月北京第二次印刷

开　　本：880 毫米×1230 毫米　32 开本

印　　张：5.5

字　　数：130 千字

定　　价：26.00 元

编　委　会

主　　编　梁燕妮

副 主 编　吴良峥　张继钢　张兴平

参编人员　陈　雯　才　华　黄　琰

　　　　　　谢　剑　余泽远

前　言

　　基于节能减排以及未来技术发展的需求，中国政府出台了一系列政策大力扶持电动汽车的发展。然而与传统燃油汽车相比，电动汽车的经济效益还相对较弱。由于电动汽车的节能减排效应与其充电模式以及充电规律密切相关，因此，有必要通过合理的充换电定价机制引导用户有序充换电，在实现电动汽车节能减排的同时，降低其使用成本，从而提高其市场竞争力。为设计合理的充换电定价机制，本书根据电动汽车电能补给方式的不同，分别对充电模式和换电模式展开研究。在充电模式下，根据服务对象的不同将公共充电站和私人充电桩的充电定价区别开米进行研究。相对较为普及的充电模式，换电模式还不够成熟，换电站极高的建设成本成为阻碍其推广的主要原因之一。因此，在对换电定价研究前，本书先对换电站的投资运营策略进行分析，目的是确定影响换电站投资运营收益的关键因素，帮助换电模式的推广。研究的主要内容包括以下几个部分：

　　首先，为研究充电模式下电动汽车的综合效益，本书利用系统动力学构建公共充电站实时充电定价模型。模型包括六个模块：电动汽车电能消耗、发电机调度、充电定价、用户响应、各方利益评估模块以及充电站生命周期净收入模块。实证结果表明，在电动汽车现有发展规模下，基于峰谷分时电价的定价方式较为适用。此外，政府补贴在推动电动汽车发展的初期显得尤为重要，但随着电动汽车规模的扩大和竞争力的提升，政府补贴应该逐步减少直到完全退出。敏感性分析说明模型具有较好的鲁棒性，电动汽车充电功率的增加有利于提高充电服务运营商的收益。

其次，在考虑私人电动车电源环境和经济效益以及私人充电桩充电负荷对电网负荷影响的基础上，本书建立了一个私人充电桩充电定价模型。该模型根据私人充电桩的充电功率和用户充电转移率来模拟用户对不同峰谷电价组合的响应。根据地方电源结构，计算发电侧电动私家车的煤耗、二氧化碳减排量以及发电成本。实证结果表明，本书提出的峰谷分时充电价格可以最小化电网负荷峰谷差，同时还可以改善电动私家车的环境效应以及提高电力系统的经济收益。敏感性分析结果表明，当电动汽车的数量扩大时，私人充电桩的负荷转移效果将更加明显。

再次，为提高换电站的节能减排效应和经济效益，本书提出了换电站投资运营模型并设计了三种充电策略。该模型研究了换电站电能供应、充换电设备购置和电池充电安排等问题，由五个模块组成：电池管理、负荷监测、能源供应、投资运营模块和生命周期分析模块。仿真结果表明将电池充电集中在谷段时期的充电策略能够最小化电网负荷的峰谷差并实现换电站最大的节能减排效应。通过敏感性分析可知，电池成本和换电价格是影响换电站生命周期净收入的关键因素。

最后，为增强电动汽车在换电模式下的节能减排效果，本书从系统的角度提出了换电站实时换电定价模型。换电定价系统包括换电定价的主要影响因素以及利益相关者。模型包括五个模块：电网负荷监测、发电机组调度、换电站运营、出租车司机响应模块及各方利益评估模块。仿真结果说明，分散式充电策略下基于峰谷分时电价的换电定价方式具有最高的能源效率与经济效益。

通过数据调研、模型仿真、归纳总结得到了针对电动汽车充换电定价的政策建议。希望本书的研究方法和测算结果能够启发和引起新能源汽车领域学者对电动汽车充换电定价策略的思考和关注，能为政府部门制订电动汽车发展政策提供参考和依据。限于编者水平，不足之处，望广大读者谅解和批评指正。

本研究成果得到了国家自然科学基金项目、国家留学基金委、南方电网科技项目以及南网能源院自立科技项目的资助，作者对资助机构表示衷心的感谢。同时，感谢华北电力大学张兴平教授、美国普渡大学才华教授、南网能源院邹贵林、吴良峥、张继钢的指导以及林晓、梁汉钱、王然、王子昂、饶娆和谢剑等人的帮助。本书引用了大量前人的研究成果，编者在此表示感谢！

编 者
2021.7

目　录

第 1 章

概　　述

1.1　电动汽车充换电服务定价研究背景及意义

根据国际能源组织报告，电力热力生产、交通行业以及制造和建筑业是我国二氧化碳排放的主要源头。2020 年底，中央经济工作会议上指出要做好碳达峰、碳中和工作："我国二氧化碳排放力争 2030 年前达到峰值，力争 2060 年前实现碳中和。"可再生能源、新能源汽车作为实现碳达峰、碳中和目标的重要新兴产业，通过电网能够实现用户终端的电力化清洁化，从而达到节能减排的目标。新能源汽车是交通工具、储能装置和智能终端三位一体的产品，是清洁能源传递和存储的天然媒介。自 2015 年以来我国新能源汽车产销量、保有量连续五年居世界首位，为进一步推动新能源汽车产业的高质量发展，国务院 2020 年出台的《新能源汽车产业发展规划（2021—2035 年）》对新能源汽车产业未来十五年的发展进行了总体的部署。

1.1.1　发展电动汽车推动充换电基础设施建设的必要性

随着汽车产业的快速发展，我国在 2004 年就已成为世界第四大汽车生产国以及第三大汽车消费国，并于 2009 年超过美国成为世界上最大的汽车生产国以及消费国。燃油汽车的大规模使用不仅会加速石油资源的枯竭，其尾气的排放还会造成空气的污染。目前，中国作为世界上最大的汽车及新能源车生产和消费国。截至 2020 年底，已经成为世界上规模最大的汽车保有国，新能源汽车占全球 4 成以上，全国新能源汽车保有量达 492 万辆，占汽车总量的 1.75%，比 2019 年增加 111 万辆，增长 29.18%。其中，纯电动汽车保有量 400 万辆，占新能源汽车总量的 81.32%。电动汽车作为新能源汽车的主力军，以接入电网的形式实现电能的补给，能够通过有序充电辅助电网促进可再生能源消纳以及达到削峰填谷的目的。此外，由于电动汽车在运行过程中零排放低噪声的优点，其推广和使用不仅能够减少石油的消耗，而且有利于缓解大气污染和温室效应等环境问题。因此电动汽车的发展显得尤为重要。

新能源汽车产业的发展离不开充电设施的配套和完善。《新能源汽车产业发展规划（2021—2035 年）》中明确提到：到 2025 年，新能源汽车新车销售量达到汽车新车销售总量的 20% 左右，充换电服务便利性显著提高；到 2035 年，纯电动汽车成为新销售车辆的主流，公共领域用车全面电动化，充换电服务网络便捷高效。在"新基建"中，新能源汽车充电桩成为七大主要领域之一。通过与 5G、云计算、人工智能、车联网等有机融合，充电桩建设将打通汽车、能源、互联网等产业，构建起全新数字化社会的骨架，助力经济高质量发展。

根据国际能源组织的报告，电力热力生产、交通行业以及制造和建筑业是我国二氧化碳排放的主要源头。当煤电只占发电量的 41% 时，电动汽车将会减少 17% 油井到车轮的二氧化碳排放量（Ye Wu 等，2012 年）。要利用电动汽车缓解空气污染，不仅要采取更清洁的能源组合，现阶段如何利用有效机制引导电动汽车有序充换电实现其节能减排效果显得尤为重要。目前电动车产业尚未成熟，电动汽车的技术创新和公众意识都需要政府的引导（Mingfa Yao 等，2011 年）。政府有必要采取一些强制性措施、财政支持政策或行政法规来引导电动汽车基础设施的发展。因此本书接下来将对现有的电动汽车基础设施相关政策进行梳理研究。

1.1.2　我国电动汽车基础设施相关政策

我国关于电动汽车最早的政策是国家发展改革委员会于 2004 年 5 月 1 日发布的《节能中长期专项规划》（发改环资〔2004〕2505 号），该项政策强调并呼吁发展混合动力汽车以及研究电动汽车政策。随后我国就出台了一系列有关电动汽车的政策。早期政策显示我国高度重视混合动力汽车的发展，并强调在城市公交车、出租车及其他领域首先推广电动汽车。在 2004～2008 年之间我国通过各项能源科学技术规划来提出大致的电动汽车发展线路图。2009 年我国财政部发布的《关于开展节能与新能源汽车示范推广试点工作的通知》开始针对电动汽车提出明确的财税支持措施。2009 年国务院发布的《汽车产业调整和振兴规划》通过数字化电动汽车推广目标来细化其发展规划。2011 年科学技术部发布的《关于印发国家十二五科学和技术发展规划的通知》提出了全面实施"纯电驱动"技术转型战略，这表明中国对纯电动汽车发展的重视。2016 年发布的《四部门关于调整新能源汽车推广应用财政补贴政策的通知》提到不得设置或变相设置障碍限制外地品牌车辆及零部件、外地充电设施建设、运营企业进入本地市场，体现了政府对充电设施建设运营市场的开放决心。目前政府主要发布了三类电动汽车政策：研发投资、基础设施推广以及财税政策。研发投资政策旨在通过提供政府资金来激励高校、生产制造商和研究机构的电动汽车技术创新。财税政策内容涉及电动汽车的销售和使用阶段，其目的是通过向电动车用户提供价格补贴和税收减免来促进电动汽车的采用。基础设施推广政策与充换电基础设施运营相关，制订电动汽车充换电基础设施的建设规划、接口标准、收费定价以及奖励补贴。本书主要针对充换电基础设施相关政策进行梳理和介绍。

1.1.2.1　国家电动汽车基础设施推广政策

科学技术部发布的《关于印发电动汽车科技发展"十二五"专项规划的通知》中提出 2010～2015 年间建成 20 个试点城市、40 万充电桩以及 2000 座充换电站，并确定 2020 年以纯电驱动为主的商业模式。中国国家标准化管理委员会于 2011 年发布了三项❶关于电动汽车充电连接器装置的标准。2014 年，国家发展和改革委员会发布的《关于电动汽车用电价格政策有关问题的通知》中明确了充电基础设施的用电电价。我国于 2015 年发布的《电动汽车充电基础设施发展指南（2015—2020 年）》具体描述了 2020 年电动汽车充电基础设施的建设规划。财政部发布的《关于"十三五"新能源汽车充电基础设施奖励政策及加强新能源汽车推广应用的通知》提出，2016～2020 年间政府针对充电设施建设和运行提供相应的奖励补贴。中国电动汽车基础设施推广政策如图 1－1 所示。国家发展改革委 2016 年发布了《电动汽车动力蓄电池回收利用技术政策（2015 年版）》以引导蓄电动汽车电池的有序回收。2017年国家能源局、国资委、国管局联合下发关于《加快单位内部电动汽车充电基础设施建设》的通知，目的是加快推进单位内部停车场充电设施建设，做好配套供电设施改造升级，和创新单位充电设施投资运营模式。根据笔者对电动汽车政策的研究，基础设

❶《电动汽车传导充电系统　第 1 部分：通用要求》《EV conductive charging connection equipment part 2: AC charging interface》和《电动汽车传导充电用连接装置　第 3 部分：直流充电接口》。

施推广政策主要包括如图1-1所示建设规划、接口标准化、充电价格、奖励补贴和电池回收这五个方面的相关政策。

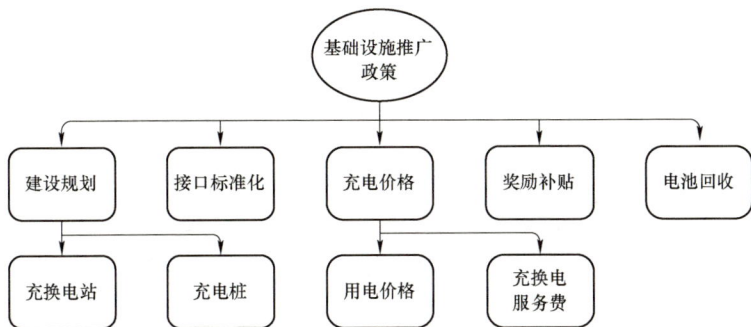

图1-1 中国电动汽车的基础设施推广政策

1.1.2.2 地区电动汽车基础设施推广政策

继国家发布多项电动汽车基础设施扶持政策后，各省市纷纷出台一系列针对电动汽车基础设施推广政策。地区（省、市）电动汽车基础设施推广政策主要包括对电动汽车基础设施建设规划政策、建设运营补贴政策以及充换电定价政策等。近年来，一些市级发布的基础设施建设运营相关扶持政策如表1-1所示，可知对电动汽车基础设施的政策力度相对较大。

表1-1 市级电动汽车基础设施建设运营相关扶持政策

城市		政策名称
一线城市	北京	《北京市电动汽车充电基础设施专项规划（2016—2020 年）》（京发改〔2016〕620 号）、《北京市城市管理委员会 北京市科学技术委员会 北京市财政局关于印发实施北京市鼓励单位内部公用充电设施建设的办法（试行）的通告》（京管发〔2017〕99 号）、《2019—2020 年度北京市电动汽车社会公用充电设施运营考核奖励实施细则》（京管发〔2020〕8 号）、《北京市新能源小客车公用充电设施投资建设管理办法》（京发改规〔2015〕2 号）、《北京市示范应用新能源小客车自用充电设施建设管理细则》（京发改〔2014〕1009 号）、《关于进一步明确经营性集中式充换电设施的通知》（京管发〔2019〕126 号）

续表

城市		政策名称
一线城市	上海	《上海市鼓励电动汽车充换电设施发展扶持办法》（沪府办发〔2016〕16号）、《上海市促进电动汽车充（换）电设施 互联互通有序发展暂行办法》（沪发改规范〔2020〕4号）
	广州	《广州市电动汽车充电基础设施补贴资金管理办法》（穗工信规字〔2018〕3号）
	重庆	《重庆市充电基础设施财政补助实施细则（暂行）》（渝财产业〔2016〕451号）
新一线城市	西安	西安市人民政府办公厅关于印发推进新能源汽车充电基础设施建设三年行动方案（2020—2022年）的通知（市政发〔2020〕33号）
	郑州	《郑州市城乡规划局发布关于推动电动汽车充电基础设施的规划建设的通知》（郑城规规〔2016〕38号）
	南京	《南京市"十三五"电动汽车充电基础设施规划》
	天津	《天津市加快新能源汽车充电基础设施建设实施方案（2018—2020）》
二线城市	太原	《太原市人民政府办公厅关于印发太原市新能源汽车推广应用实施方案的通知》（并政办发〔2014〕56号）
	石家庄	《石家庄市人民政府办公厅关于推进全市电动汽车充电基础设施建设的实施意见》（石政办发〔2016〕18号）
三线城市	临沂	《临沂城区电动汽车充电设施布局规划》
	济宁	《关于加强和规范全市电动汽车充电基础设施建设运营管理的实施方案暨充电基础设施建设三年行动计划》（济能字〔2020〕6号）
四线城市	邢台	《邢台市人民政府办公室印发关于加快全市电动汽车充电基础设施建设实施方案的通知》（邢政办发〔2016〕18号）
	运城	《运城市城区电动汽车充换电设施建设暂行管理办法》（运政发〔2016〕13号）
五线城市	东营	《东营市"十三五"电动汽车充电基础设施发展规划》
	衡水	《衡水市人民政府发布关于加快全市电动汽车充电基础设施建设的实施意见》（衡政办法〔2016〕7号）

2014年，国家发展改革委发布的《关于电动汽车用电价格政策有关问题的通知》中明确各地要通过财政补贴、无偿划拨充换电设施建设场所等方式，积极降低运营成本，充换电服务费由地

方按照"有倾斜、有优惠"原则实行政府指导价管理，让消费者得到更多实惠，增强电动汽车竞争力。2018 年国家发改委等多部委发布的《提升新能源汽车充电保障能力行动计划》，要求各地电网公司要按照规定落实现有优惠电价政策，为充换电基础设施的发展提供便利，为电动汽车用户带来实际上的价格优惠。此后，各地区相继出台了相关充换电设施服务费规定。通过表 1-2 可知，充电定价政策大部分以 2020 年为分界点，2020 年前实行政府指导价，2020 年后按照国家规定实行市场调节价，只有小部分地区采用一到两年的试行期限；其政策主要内容是区分乘用车和公交车分别设定按充电电量收取每度电充电服务费的上限，不对下浮度进行限制。此外，北京市和运城市充电服务收费上限均与油价相关，衡水市不仅考虑了换电模式还设置了与成品油的价格联动机制。

表 1-2　　　　　　电动汽车市级充换电定价政策

城市		政策	具体内容
一线城市	北京	《北京市发展和改革委员会关于本市电动汽车充电服务收费有关问题的通知》（京发改〔2015〕848 号）	自 2015 年 6 月 1 日起，充电服务每千瓦时收取上限标准为当日本市 92 号汽油每升最高零售价的 15%
	上海	《上海市电动汽车充电设施建设管理暂行规定》	2015 年 7 月 1 日起正式实施，充电服务费暂定最高不超过 1.6 元/kWh
	广州	《广州市发展改革委关于电动汽车充电服务费试行收费标准的通知》	自 2017 年 1 月 4 日起，试行期两年；电动汽车充电服务费收费标准为 1 元/kWh，收费标准为最高限价，可适当下调
新一线城市	重庆	《重庆市加快电动汽车充电基础设施建设实施方案》	2016 年试行一年，针对不同类别充电基础设施，以电价为计费依据，服务费暂按每千瓦时不超过执行电价的 50%收取；试行期满后，结合市场发展情况，逐步放开充电服务费，由市场竞争形成价格
	西安	《西安市物价局关于我市新能源汽车充电服务费标准等有关问题的通知》（市物发〔2016〕37 号）	自 2016 年 4 月 10 日起执行，有效期两年：公交车充电服务费上限标准为 0.35 元/kWh；乘用车充电服务费上限标准为 0.40 元/kWh

城市		政策	具体内容
新一线城市	南京	《南京市关于调整纯电动汽车充换电服务收费标准的通知》(宁价工〔2017〕5号)	自2017年1月10日起执行：纯电动客车（12m）、纯电动汽车（七座以下）充电服务最高收费分别为1.23元/kWh、1.44元/kWh；纯电动客车（12m）换电服务最高收费为1.69元/km；纯电动汽车（七座以下）换电服务收费为0.57元/km
	天津	《市发展改革委关于电动汽车用电价格政策和充换电服务费有关问题通知》(津发改价管〔2015〕490号)	自2015年6月15日起：电动公交车0.60元/kWh；电动公交车0.80元/kWh；其他电动车1.0元/kWh
二线城市	太原	《关于太原市电动汽车用电价格及充换电服务费（试行）有关事项的通知》	自2016年2月6日起：纯电动汽车（七座及以下）充电最高服务费暂定为0.45元/kWh；纯电动汽车（七座及以下）换电服务费和电动公交车充换电服务费另行核定公布
	石家庄	《关于电动汽车充电服务费标准的通知》(石发改经费〔2018〕311号)	自2018年4月25日起按充电电量收取，上限标准为：城市电动公交汽车充电服务价格0.6元/kWh；其他电动汽车充电服务费标准1.00元/kWh
三线城市	临沂	《关于电动汽车充电服务费有关事项的通知》[临发改价格〔2019〕52号]	自2017年1月1日起执行，至2018年12月31日止：电动公交车充电服务费最高为0.60元/kWh，电动乘用车充电服务费最高为0.65元/kWh
	济宁	《关于明确电动汽车充电服务费有关事项的通知》[济价格字〔2017〕号]	2017年1月1日起施行，电动公交车充电服务费最高为0.60元/kWh，电动乘用车充电服务费最高为0.65元/kWh
四线城市	运城	《关于山西省电动汽车用电价格及充换电服务费有关问题的通知》	与成品油价挂钩，按充电度收取，每千瓦时收费标准为运城市93号汽油每升最高零售价的15%
	东营	《关于我市电动汽车充电收费标准有关问题的通知》	自2018年2月4日起，电动公交车为0.60元/kWh，电动乘用汽车为0.65元/kWh。以上两项充电服务费价格均为最高价
五线城市	衡水	衡水市物价局制定了衡水市电动汽车充换电服务费标准	七座以上电动乘用车充电服务费最高标准为0.6元/kWh；七座及以下乘用车和其他用车充电服务费与成品油价格实行联动，每千瓦时最高标准为当日河北省92号汽油每升最高零售价的15%。七座以上电动乘用车换电服务费最高标准为1.8元/km；七座及以下乘用车和其他用车换电服务费最高标准为0.5元/km

1.1.3　电动汽车充换电服务定价研究意义

电动汽车运行过程中零排放噪声小，其推广和使用不仅能够减少石油的消耗，而且有利于缓解大气污染和温室效应等环境问题。电动汽车作为未来汽车的发展方向，其规模发展是实现 V2G（vehicle-to-grid）技术以及车联网（Internet of Vehicles）技术的前提和关键。根据电动汽车充换电基础设施相关政策的概述与分析可知，完善配套基础设施是推动电动汽车规模发展的关键，而合理的电动汽车充电基础设施收费机制则是维系其正常投运、引导电动汽车用户有序充电的关键。由于我国目前以煤电为主的电源结构，电动汽车用户充电行为的随机性，以及电动汽车发展规模较小等现状，其节能减排的效果并不明显。限于目前充换电定价办法较为单一，没能充分发挥价格机制联动优势。因此，本书从实现电动汽车供能清洁化，最人额度地降低电动汽车接入电网的消极影响和协同各参与方利益出发，研究电动汽车在充、换电定价制定策略以及换电站投资运营模型，最后根据模型运行结果对电动汽车充、换电价格政策的制订进行探讨，以求有序推动电动汽车充换电服务行业的健康发展。通过本研究解决以下学术问题：

1. 构建公共充电站充电定价模型

公共充电站是电动汽车开放式的集中供能设施，其充电价格的制订属于基础设施推广范围内的政策内容。合理的公共充电站充电价格能够引导用户有序充电，其制定影响电动汽车电源的清洁性和使用经济性，利用充电价格的制定可以协调各参与方的利益，以及达到对电网负荷削峰填谷的效果。政策制定者可以将当地相关数据输入公共充电站充电定价模型进行分析，帮助各地区的公共充电站制定有效的充电价格。

2. 构建私人充电桩充电定价模型

私人电动汽车作为汽车主要构成部分，其电能大部分通过家庭安装的私人充电桩来补给。因此其充电价格的制定显得同样重要。提出的私人充电桩充电价格在保证电动汽车节能减排效益、电力系统运营商盈利以及用户利益的前提下，能够最小化私人电动汽车充电时接入电网的负荷峰谷差。由于私人充电桩的服务对象是私人电动汽车用户，而这些用户的行驶和充电在时段划分上通常表现得很有规律，工作时间和下班时段其电动汽车的充电接入都较为灵活。因此本书为私人充电桩设计了一个峰谷分时充电定价模型。

3. 构建换电站投资运营模型

换电站通过预先为站内备用电池充满电，能够在 3min 内快速地完成电动汽车电池的交换，适合如电动出租车和电动公共汽车等日行驶里程大且需要快速补充电能的电动汽车。但由于其高昂的建设成本，以及对电池规格统一的要求，换电模式远不如充电模式普及。考虑换电站综合效益前提下，换电站投资运营模型的研究有助于换电模式的试行和推广。

4. 构建换电站换电定价模型

换电价格的制定是引导换电服务行业有序进行的手段。为了充分利用换电站储能的优点，本书提出换电定价结合充电策略的机制引导用户和换电站的有序充电。换电站换电定价模型能够帮助政策制定者，根据不同地区换电需求以及电源结构制定合理有效的换电定价机制，以实现电动汽车节能减排的效果并保证各参与方的利益。

1.2　国内外研究动态

电动汽车能够缓解能源短缺及环境污染的问题，是汽车未来的发展方向。近年来，电动汽车的发展获得各国政府的重视并成为学术研究的热点。本书从 4 个方面对电动汽车充换电定价相关研究进行了文献整理及评述，主要包括公共充电站充电定价策略、私人充电桩充电定价策略、换电站建设规划及运营优化和换电站换电定价策略。

1.2.1 公共充电站充电定价方法

由于电动汽车具有节能环保的优势，越来越多的国家制定了大规模推广电动汽车的标准。然而电动汽车的无序充电不利于其经济性和环境性，同时影响电动汽车的广泛采用。此外，还会增加用户在充电站的等待时间（Stuart Speidel 等，2014 年）。而且当电动汽车的普及率达到 30%将会增加 7%电网峰荷，超出现有的配电基础设施的承载能力（Oscar van Vliet 等，2011 年）。因此，有必要通过充电定价策略来引导用户有序充电改善电动汽车的经济和环境性能。

1. 研究现状及动态

陈中等（2020 年）提出了基于移动特性的电动汽车最优分时充电电价定价策略以达到平滑负荷曲线、降低车主费用的目的。柳也东（2019 年）提出了最小化电网负荷峰谷差以及最大化用户满意度的充电实时电价优化模型。杨扬等（2018 年）以利润最大化为目标，构建分时定价和分区域定价数学模型，并对电动汽车充电负荷、电站利用效率进行了优化。罗卓伟等（2012 年）建立了电动汽车充放电两阶段优化模型以降低电网峰荷和平滑电网负荷曲线。Johannes Schmidt 等（2014 年）通过调整电动汽车的充电过程来错开充电价格高峰，比同等级别柴油车降低超过 65%的能源成本。Aoife Foley 等（2013 年）和 Surendraprabu Rangaraju

等（2015 年）证实电动汽车在低谷充电比在高峰充电更有利于减少温室气体排放。Aoife Foley 等（2013 年）的研究显示根据电动汽车的负荷来重新安排发电机的最优顺序。Surendraprabu Rangaraju 等（2015 年）强调结合用户的充电行为和辅助能源消耗能够实现电动汽车的有序充电。Elham Azadfar 等（2015 年）的研究结果表明充电设施和电动汽车电池性能是影响插电式电动汽车行驶模式的关键参数。David Dallinger 等（2012 年）通过随机模型来预测充电行为，并根据边际发电成本估计变化的电价。徐智威等（2012 年）模拟用户的充电行为并从充电站的角度提出利用分时电价协调充电的模型，虽然充电站的经济效益大大提高，但模型产生了另一个负荷高峰。由于用户具有价格敏感性，Xiao–Hui Sun 等（2015 年）证实通过减少电网峰谷差有可能实现用户在低谷充电，然而徐智威等（2014 年）则通过制定用户自动响应的动态分时电价来实现。通过制定随功率改变的分时定价方案，Kangkang Zhang 等（2014 年）提出电网可以利用日前定价方案直接协调用户的充电行为，表明充电定价信息可以调动用户的充电行为。于浩明等（2014 年）通过在现有的充放电功率限制和充放电电价中引入激励因子，以最小化用户成本为目标，构建有序充放电模型。Keenan Valentine 等（2011 年）提出了统计地区边际价格和批发能源价格模型以最小化电力系统的运营和能源使用成本。James Druitt 等（2012 年）提出如果用户可以参与到利用可再生能源发电间歇性来平衡电力市场，就可以通过灵活充电和销售电价来获得额外收益。Eric Anderson 等（2014 年）的研究表明当用户接收到合适的价格信号并作出最好的选择时能最小化公共事业和用户的成本，并认为双层定价系统（峰段和非峰段的不同电价）可能不利于公共事业，因为用户的需求随着时间的推移容易发生改变。

　　从以上研究可知有序充电有利于实现节能减排的目标、保证电网的安全运行以及用户的利益。充电价格对用户的行驶行为、电动汽车使用成本以及电动汽车的发展有着重要的影响。因此，很多文献都对充电价格进行研究。Zhe Li 等（2011 年）和路宽等（2014 年）从充电站和电动汽车用户的角度制定了充电价格。Zhe Li 等（2011 年）根据不同能源价格、电池成本和充电站负荷来计算充电价格的范围。路宽等（2014 年）在考虑影响充电定价主要因素的基础上提出成本效益分析模型。Dominik Pelzer 等（2014 年）设计了一种价格响应充放电策略来计算向新加坡电网提供辅助服务的电动汽车用户收益。A.I.Arif 等（2016 年）提出了三种算法利用动态定价方案来调度插电式电动汽车，以最小化充电成本和满足用户的充电需求。基于需求侧管理，P.Finn 等（2012 年）提出了能够为电网和用户提供最大利益的价格。Trine Krogh Kristoffersen 等（2011 年）确定能够增加各参与方经济收益的电动汽车充电电价。Francesco A.Amoroso 等（2011 年）通过兼顾综合电力负荷需求及公司收益制定电动汽车充电电价。M.A.López 等（2015 年）认为以小时为计量单位的能源价格能够平滑负荷曲线，并实现电动汽车对电网的负荷转移和拥堵管理。项顶等（2013 年）通过构建 V2G 充放电时段模型和峰谷电价模型，得到提高用户效益和削峰填谷的最优充放电时段和相应电价。根据供应侧填谷效益以及用户成本，邹文等（2011 年）和 Zechun Hu 等（2016 年）设计了充电定价优化模型。史乐峰（2012 年）根据电力需求侧管理理论和电力价格理论分析电力系统和电动汽车用户之间的利益关系。以满足电动汽车电池充放电容量以及电动汽车行程需求为约束条件，李明洋等（2015 年）构造了一个最大化电动汽车充放电收益的模型，证明了实时电价机制为了更好地促进充放电电量的合理分布需要动态调整的特点。Benedikt Lunz 等（2012 年）

在考虑储电电池寿命及机组运行成本的基础上确定充电电价
Shisheng Huang 等（2011 年）认为实时的定价方式比分层定价方
式更有经济吸引力。

2. 文献评述

前面的文献主要从电力系统、充电站和电动汽车用户的角度
分析充电定价。电动汽车充电定价是一个复杂的过程因为它涵盖
了各个参与方的利益。Simon Shepherd 等（2012 年）为英国未来
40 年电动汽车的采用建立了一个系统动力学模型。从经济的角
度，Yongxiu He 等（2015 年）设计了针对国内情景的不同实时电
价定价机制。通过 Simon Shepherd 等（2012 年）和 Yongxiu He
等（2015 年）的研究可知系统动力学能够对复杂问题进行建模，
并能描绘实时充电定价系统的反馈结构。本书在前人研究的基础
上，利用系统电力学模型模拟电动汽车发电侧排放及其充电负荷
对电网的影响，并将充电价格链主要参与者的利益链接起来，从
系统的角度分析电动汽车的充电定价。

1.2.2　私人充电桩充电定价方法

为缓解环境污染和温室效应等问题，包括中国在内的许多国
家都制定了相关政策以促进电动汽车的发展。然而，随着电动汽
车数量的增加，用户随机的充电行为不仅会影响电网运行的稳定
性，还会影响电动汽车充电能源的煤耗和二氧化碳排放量。电动
汽车的充电定价机制是引导电动汽车用户有序充电的关键，同时
还应确保充电设施运营商的收益。

1. 研究现状及动态

（1）从各参与方经济利益角度：李东东等（2017 年）以聚合
商利益最大化以及用户不满意度最小化设计了分时分区电动汽车

充电服务定价机制。统筹考虑电网公司和电动汽车车主双方利益的前提下，高亚静等（2014年）利用离散吸引力模型求解出一套最优分时电价方案来引导电动汽车的充放电行为；通过将离散吸引力模型线性化得到分时电价下的需求价格弹性矩阵，在综合电网公司和电动汽车用户利益的基础上，吕孟扩（2014年）运用基于遗传算法的多目标优化求解出一套最优分时电价方案；P.Finn等（2012年）制定了电动车的充电价格以提高各参与方的经济利益；Eric Anderson等（2014年）提出了一个两阶段充电定价方法来平衡公共机构和用户之间的利益；为了最小化用户的充电成本，Kangkang Zhang等（2014年）设定充电价格来规范用户的充电行为，于浩明等（2014年）在充/放电功率限制和充/放电价格中引入了一个激励因子；Lei Zhang等（2017年）提出了一个基于机制转换的风险管理方案来避免电价高峰。

（2）从平滑电网负荷的角度：葛少云等（2012年）通过优化谷电价时段，在分时电价政策的控制下达到削峰填谷的目的；戴诗容等（2013年）采用分时电价机制，以最大化用户效益以及平滑电网负荷为目标建模；葛少云等（2013年）通过优化谷段电价实现电动汽车填谷效应以达到规范电动汽车有序充电的效果；项顶等（2013年）基于V2G充放电时段模型和峰谷电价模型提出电动汽车充放电时段和相应充电价格；戴诗容等（2013年）应用粒子群优化算法解决电价制定问题，并通过电价来平滑电网的负荷以及确保用户的利益；徐智威等（2014年）利用启发式算法来定义电动汽车的峰谷分时电价；Rodolfo Dufo-López等（2015年）提出了一种评价峰谷分时电价下储能并网系统技术以及经济性能的方法；为了平滑电网负荷曲线，李明洋等（2015年）设计了基于合作和非合作情景下的两种填谷定价机制来调度用户的充电行为；Changhong Deng等（2016年）提出了一种通过网络负荷

15

和公开市场电价来协调电动私家车充电的双层规划方法。

（3）从环境保护的角度：为了减少可再生能源电力的负荷波动，David Dallinger 等（2012 年）建议当可再生能源电力供应量高时向电动汽车用户提供优惠的充电价格；Aoife Foley 等（2013 年）在考虑二氧化碳排放量和新能源接入交通运输业比例的基础上确定电动汽车的充电价格；Qi Zhang 等（2013 年）分析了在三种发电组合、两种充电控制策略以及两种实时定价方案下电动汽车的能源成本以及二氧化碳排放量；为了改善能源供应模式、降低能源系统成本以及减少污染物排放，L.Yu 等（2017 年）建立了一个强大灵活的随机规划模型用于规划考虑峰段电价和电动汽车的市政能源系统。

2. 文献评述

综上所述，前人的研究主要从各参与方经济效益、电网负荷稳定性和环境保护三个角度来解决电动汽车的充电定价问题。前人研究结果表明，这三个影响因素对电动汽车的充电定价非常重要。时间价格差异对用户的充电时间和价格水平有重大影响。可通过制定阶梯电价来协调电池的充放电是可行的。对插电式混合电动汽车用户而言，峰谷分时电价方案比实时定价方案更加有利。《关于印发北京市电动汽车充电基础设施专项规划（2016—2020年）》预计到 2020 年北京的电动汽车需求量将达到 60 万辆，其中电动私家车的占比将超过 60%。因此，这些原因致使作者在考虑电动私家车在发电侧的经济和环境效应以及私人充电桩充电负荷对电网负荷影响的基础上来开展私人充电桩的峰谷分时充电定价研究。减小电网负荷的峰谷差可以缓解供电企业高峰时段的调峰压力，同时还可以通过增加谷段的电量销售来降低电网的单位运营成本，此外还可以提高发电设备的利用率从而降低单位供电煤耗。也就是说减少电网峰谷差不仅能减少火力发电机组煤耗，还有利于电网负荷谷段夜间风电的利用。因此，本书将电网负荷峰谷差作为判断电网负荷是否稳定的依据。

1.2.3 换电站建设规划及运营优化

由于石油资源的日渐衰竭和环境污染加剧，电动汽车受到了越来越多国家的关注。根据《关于完善汽车投资项目管理的意见》，中国开始严格控制新增传统燃油汽车的产能，引导现有传统燃油汽车企业转型为新能源汽车企业。电动汽车数量每增加10%，电力需求也会相应地增加2%（Marcos Vinícius Xavier Dias 等，2014年）。为了推广电动汽车的使用，政府应该为电动汽车用户配套便利和安全的充换电基础设施。目前，被广泛地用来为电动汽车补充电能的是充电站。然而直充模式在为电动汽车快速充电的同时，也会对电动汽车电池的正常寿命以及电网运行的稳定性造成不良影响。换电模式能够轻松地解决这些问题，适用于服务需要快速充电的电动汽车，如出租车、公共汽车和环卫车（Nian Liu 等，2016年）。换电站不仅能够在5min内为用户交换电池，还能通过电池的统一管理和交流充电来延长电动汽车电池的寿命（Rao Rao 等，2015年）。Jian Liu（2012年）的研究表明电动汽车的无序充电会造成北京电网的额外负荷需求，但可以通过充电电池管理和电池交换策略来适应当前北京电网的输配电容量。

1. 研究现状及动态

针对换电模式的研究可以分为五个方面，分别是电池充电策略优化、换电站位置规划、充换电基础设施布局、充换电站经济收益最大化以及用户等待时间最小化。

（1）电池充电策略优化：李捷等（2020年）提出能量守恒模型和经济收益模型，证明通过辅助服务模式可实现换电站投资收益的平衡；Shengjie Yang 等（2014 年）通过追踪和记录站内电池的不同状态为换电站设计了一个动态运营模型，通过使换电站积极响应电力市场的价格变动来获取额外收益；Rao Rao 等（2015年）提出了一种针对换电模式的优化充电策略，并模拟该充电策略对电网和发电侧的影响；为减小电网负荷峰谷差以及平滑电网负荷曲线，Xueliang Huang 等（2013 年）为换电站的运营设计了一种协调优化控制策略；在考虑光储换电站的服务能力和自用电的基础上，Nian Liu 等（2015 年）提出了一种充电策略来优化光储换电站的自用电以及提高其运营收益；基于现货定价的电力市场环境，Qi Kang 等（2016 年）提出了一种针对换电模式的集中式电动汽车充电策略，以最小化充电成本和减小电网的电力损失及电压偏差；考虑换电需求和电价的不确定性，Sarker，M.R.等（2015 年）为换电站设计了一个盈利的商业和运营模型；为最大化换电站的收益，Sarah G.Nurre 等（2014 年）利用一个确定性整数规划模型来确定充电电池的最优数量、放电电池的最优数量以及交换电池的最优数量。

（2）换电站位置规划：王琪瑛等（2019 年）以总成本最小为目标，考虑客户服务时间窗、电动汽车装载容量、电池续航里程等因素的影响，构建选址 – 路径优化模型；为最小化社会总成本，张勇等（2018 年）通过构建电池保有量优化模型得到最优的建站数量、时序及选址方案；为了最大化投资项目的生命周期净现值，Yu Zheng 等（2013 年）提出了优化换电站规划的模型以及方法，包括换电站的地理位置、大小以及充电策略；为权衡投资商收益以及用户满意度，Jun Yang 等（2017 年）研究了考虑用户满意度的电动汽车换电服务网络设计问题；Shengjie Yang 等（2014 年）利用基于人工蜂群的元启发式算法来优化换电站的位置布局；为最小化换电站的建设和布线成本，Julian Hof 等（2017 年）利用一种自适应变邻域搜索算法来研究有限电动汽车数量下新兴换电站的布局和布线问题。

（3）充换电基础设施布局：考虑站内备用电池的储量要求及其使用的不确定性，Ho-Yin Mak 等（2013 年）建立了有助于站内换电设施布局和规划的鲁棒优化模型；为最小化换电站的投资、维护和用电成本，Nian Liu 等（2016 年）通过配置备用电池和充电价以及将电动汽车用户等待时间作为评价服务质量的约束来制定一个优化模型。

（4）充换电站经济收益：代倩等（2014 年）考虑了投资成本、运营和维护费用、人工薪酬等成本及充换电服务费等因素，构建了基于净现值动态评价指标的电动汽车充换电站成本效益模型；孙丙香等（2014 年）运用成本加成定价法和年金法，在裸车销售、电池租赁模式下，在充换电站建设、运营和电池租赁由两个主体承担的条件下，对电池运营价格进行测算。

（5）用户等待时间最小化：结合公路等级对换电站电力消耗率以及用户等待时间产生的影响，Min Xu 等（2017 年）制定了一个非线性最小化模型；为最小化所有车辆平均延误时间，Jonathan D.Adler 等（2014 年）提出了一种通过跟踪电动汽车行驶路程来确定备用电池数量的方法。

2. 文献评述

综上所述，根据前人的相关研究可以判断电池充电策略的设计、换电站位置规划、充换电设计布局以及最小化电动汽车用户的等待时间是换电模式中需要解决的主要问题。关于换电模式的大多数研究目的主要是最大化换电站的收益。根据中国电动汽车网，换电站运营商计划到 2017 年底在北京地区建设 200 座换电站以满足 3 万辆纯电动汽车的用电需求。根据中国储能网，2016 年时北京市真正投入运营的换电站数量仅有 10 座，车用电池和站内备用电池的比例为 1:1.2。换电站的运营不仅应该满足电动汽车的换电需求和使换电站投资者更加盈利，还应该满足环保的要求。换电站充换电设备应该要结合当地换电需求来合理配置。换电机、充电机和备用电池的数量以及用户的换电需求都会影响充电策略的效应，而充换电设备数量以及充电策略会影响换电站的投资和运营成本。当用户的换电需求能够及时地被满足，则说明用户在换电的过程中不需要排队，因此也就能最小化用户的等待时间。系统动力学可以通过时间步长链接各个影响因素，适用于换电站生命周期运营分析。因此，以上原因致使作者在及时满足用户所有换电需求的前提下利用系统动力学模型来研究换电站的充换电设备配置和充电策略设计问题。

1.2.4 换电站换电定价方法

为了推广电动汽车使用，政府需要确保一个完善的充换电基础设施。集中式充换电站是电动汽车的能源站可以同时使用充电和换电模式来补充电动汽车电能。关于印发《电动汽车充电基础设施发展指南（2015—2020 年）》的通知指出中国预计于 2020 年完成 2500 座出租车集中式充换电站的建设。根据中华人民共和国生态环境部，北京市政府应该将新的出租车替换为电动汽车，并推动其他周边城市的出租车更换为电动汽车或者新能源汽车。由于出租车的统一生产和购买，在出租车电气化过程中拥有统一标准的电池是具有现实可行性的。此外，由于出租车庞大和不确定的交通需求，它们需要在短时间内补充能源。和充电站不同的是，换电站有自己的备用电池，可以将电池充电和交换的过程分开管理，并能在不到 5min 的时间内为电动汽车补充电能。因此换电模式相对直充模式更合适出租车。值得注意的是中国很多地区开始实施主要针对出租车的换电模式并由当地电力公司运营。然而无序充电对电力系统的稳定运营有消极的影响，构成电动汽车发展的主要障碍。对比无序充电，有序充电在能源安全、经济效率和环境影响方面显示绝对的优势。

1. 研究现状及动态

大量的研究从不同的角度探索有序充电问题。

（1）从电网填谷效益的角度：毛海鹏等（2020年）提出模块分割式换电站，并证明合理的电价策略有助于换电站实现削峰填谷的效果；Kangkang Zhang等（2014年）提出了利用日前定价方法来协调个人充电行为的分散式填谷充电策略；以减小负荷高峰为目标，Christoph M.Flath等（2014年）提出了基于行程和价格信息的一种启发式的充电策略以引导用户充电活动时间和空间上的转移；Zechun Hu等（2016年）设计了填谷定价机制来转移用户的充电安排以平滑电力负荷曲线；以减小配电网电力损耗和城市交通网络的整体行驶时间，Fang He等（2016年）提出针对插电式电动汽车公共充电站的充电价格。

（2）从利用可再生能源为电动汽车充电的角度：根据精确电力需求和发电预测，Erotokritos Xydas等（2016年）设计了合理的虚拟定价政策来引导电动汽车优先使用可再生能源充电；考虑到用电需求以及可再生能源的不确定性，João Soares等（2017年）提出了一个日前能源调度的随机模型，并为电动汽车制定了最优的定价方法。

（3）从最小化充电能源成本的角度：Zhongjing Ma等（2016年）提出了通过响应预测充电价格来最小化插电式电动汽车的充电成本的分散式充电方法；以最小化插电式混合电动汽车能源和电力成本为目的，Saeid Bashash等（2014年）设计了一个基于实时电价信号的凸二次规划框架；Xiaomin Xi等（2014年）利用价格信号来控制价格敏感用户的充电行为以最小化充电成本；以使电动汽车更具营利性，Johannes Schmidt 等（2014 年）提出了三种充电策略并利用欧洲港口换电站的实验数据来计算其经济潜力。

（4）从充换电站经济运营的角度：以换电站运营收益最大化为目标函数，兼顾各类运营约束条件，孙伟卿等（2014 年）构建换电站最优充放电策略的线性优化模型，并以两种电价定价方式验证模型；陈思等（2015 年）建立了微电网经济调度双层优化模型，得到微电网内部可控微电源的出力和个性化电价，从而实现微电网和换电站的共同利益；Nasim Yahya Soltani 等（2015 年）设计了时变充电价格来协调电动汽车的充电以最大化运营商的盈利；Binyan Zhao 等（2014 年）设计了最大化电池充电服务收益的充电定价策略；Yeongjin Kim 等（2017 年）提出了一种算法来应用充电汽车的时变到达概率、电价以及可再生能源发电以实现插式电动汽车最优利润管理；以最大化充电站盈利为目标，Wei Yuan 等（2015 年）提出了一种低复杂算法，有效地计算了充电站服务容量与差价之间的定价均衡；M.Armstrong 等（2013 年）研究换电站充电策略以通过日前市场来经济地购买和出售电量；Shengjie Yang 等（2014 年）设计了一个动态运营模型来通过积极响应电力市场电价变动来获取额外收益。

2. 文献评述

总的来说，有序充电的研究主要是基于用户价格响应，可以从电力系统的安全运营、电动汽车动力来源的节能环保性以及充换电站的经济运营角度来划分。根据前面文献的研究分析，可以注意到充电策略和充电价格对充换电站的运营以及用户的充电行为有重要的影响，并在很大的程度上影响电动汽车的推广。换电模式中电池充电和交换是分开的，因此提出的换电定价机制应该通过充电策略充分利用换电站能源存储优势，并有序控制用户的换电行为。此外，还有必要考虑电动汽车的能源效率和大规模电动汽车对电网负荷的影响。驾驶者倾向于提前知道充电价格，因此实时定价方案对实现电动汽车协调充电至关重要（Heike Link，2015 年）。此外，充电策略和换电定价的制定应该涉及多群体利益包括电力系统、充换电站和电动汽车用户的利益，并且有利于电动汽车的节能减排效应。前面基于直充模式中充电定价的研究表明利用系统动力学来模拟换电定价系统是可行的。因此，本书在前人的研究基础上利用系统动力学构建换电定价模型。

1.3　本书主要内容和研究成果

1.3.1　主要内容

燃油汽车的增长不仅加速了石油资源的消耗，其尾气排放也加剧了环境的污染。由于电动汽车具有节能减排的优点，受到了我国政策的大力支持。然而由于我国目前以煤电为主的电源结构，电动汽车用户充电行为的随机性，以及电动汽车发展规模较小等现状，其节能减排的效果并不明显。本书的研究技术路线如图 1-2 所示。

为了实现电动汽车供能清洁化，最大限度降低电动汽车接入电网的消极影响和协同各参与方的利益出发，本书首先分析电动汽车发展背景及其相关扶持政策，寻找推动电动汽车发展的政策突破点。在目前的技术水平允许条件下，合理的电动汽车充换电定价机制是实现电动汽车节能减排优势和提高其市场竞争力的基础。电动汽车现有的能源供给方式主要有充电和换电模式两种。

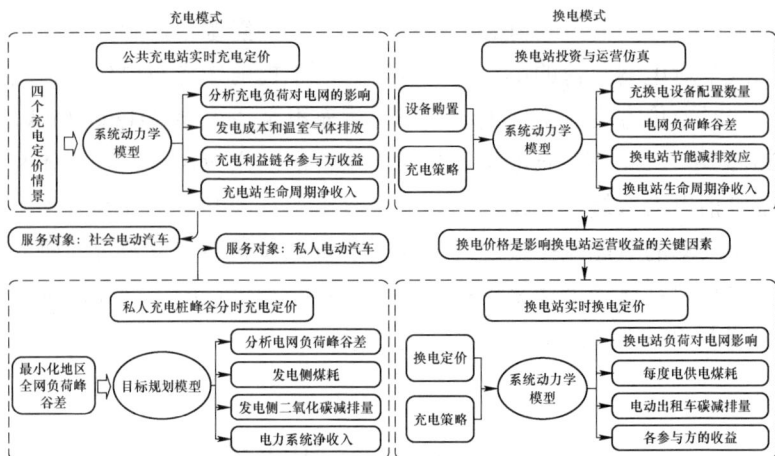

图 1-2　技术路线图

与较为普及的充电模式不同，换电设备建设成本较高，需要统一的技术标准，需要汽车厂商之间有电池技术共享的意识。但换电模式能够在 3～5min 之内为电动汽车进行快速换电，集中式的充电方式不仅有利于延长电池的寿命，还能充分利用夜间谷电。换电模式适用于行驶里程长，需要快速补充电能的电动汽车，尤其是电动出租车。换电模式与充电模式绝不是对立的关系，相反应该是互补的关系。因此为设计合理的充换电定价机制，本书结合电动电池与传统燃油汽车性能比较以及换电站投资运营分析，从电动汽车综合效益的角度分别研究其在充、换模式下的电价制定策略。充电模式中根据服务对象的不同，分别对公共充电站和私人充电桩充电定价机制进行研究。换电模式虽然不如充电模式更为普及，但其具有电能存储和快速换电能力，而且其慢充方式有利于电池寿命的延长。对于电动出租车和电动公交车等行驶里程长需要快速补充电能的电动汽车具有很大的市场潜力。由于换电站高昂的建设成本是限制换电模式推广的主要原因之一，因此对换电站的投资运营进行了研究。通过换电站投资运营模式发现在现有电池技术下，政府需要利用有效的换电定价机制引导用户有序换电，由此对换电定价展开研究。最后对结合本书模型运行结果提出相应的充换电定价政策建议。具体而言，本研究包括以下内容：

1. 公共充电站充电定价研究

针对充电模式，考虑了公共汽车、出租车、乘用车和环卫车的充电功率，以及影响电动汽车充电定价的因素，包括发输配售电成本、充电服务费、线损和充电损耗，利用系统动力学构建了电动汽车实时充电定价模型。模型一共由六个模块组成：第一个模块分析电动汽车充电功率对电网的影响；第二个模块模拟发电机组的实时调度以计算发电成本和排放，其中发电机组分为峰荷和基荷机组，并按照发电成本从低到高依次发电；第三个模块是充电定价，提出了四种定价情景，以充电功率做充电价格的实时调整；第四个模块模拟用户对实时充电价格的响应，分为两种用户，集体用户（公共汽车和环卫车）和个人用户（乘用车和出租车），分别设置相应的充电需求弹性系数；第五个模块评估各参与方综合经济效益，分别计算电力系统、充电站、用户和政府经济利益；第六个模块计算充电站生命周期净收入。以北京市为算例，将发电成本，温室气体排放，电网负荷稳定，政府、发输配售电商、充电营运商和用户等各参与方利益作为评判指标，并通过敏感性分析检验重要结论的鲁棒性，以及分析充电功率、政府补贴和充电服务价格对充电定价的影响，最后提出电动汽车现阶段的最佳实时充电定价方案。

2. 私人充电桩充电定价研究

分析影响私人充电桩充电定价的各项因素，考虑发电侧电动汽车节能减排效益以及电力系统售电收入的基础上模拟用户对峰谷分时充电价格响应，以最小化地区负荷峰谷差为目标，制定私人充电桩峰谷分时充电价格。以北京市为例，根据电动私家车充电概率以及 2020 年私人充电桩建设规划预测私人充电桩充电负荷。

3. 换电站投资运营研究

从换电设施投资者的角度，在考虑换电需求、电动汽车节能减排效益以及充电负荷对电网影响的基础上，以优化换电站生命周期运营收入为目标，根据电动出租车计划推广数量对换电站建设数量对每个换电站内换电机、充电机和备用电池的数据进行规划和配置。模型包括五大模块：电池充换模块，负荷监测模块，能源供应模块，投资运营模块和生命周期分析。以北京市为算例，通过模拟三种充电情景下换电站的环境和经济效益来确定换电站内换电机、充电机和备用电池的数量。并对换电价格、电池购买价格、换电机价格、充电机价格、电力设施建设成本以及基础设施建设成本进行敏感性分析。此外，还讨论加收电动出租车公司电池租赁费以及减少换电站建设数量对换电站生命周期净收入的影响。

4. 换电站换电定价研究

针对换电模式，从系统的角度考虑影响换电站换电定价的各项因素，包括换电站用电成本，投资运维成本，电池租赁费和人工成本，以及充电损耗，利用系统动力学构建以小时为单位的换电定价模型。模型由 5 个模块组成：① 负荷监测模块，计算换电站充电功率对电网的影响；② 发电机调度模块，优先可再生能源发电，考虑了煤电机组不同负荷率下的供电煤耗以及风电和光电的间歇性，模拟发电机调度并计算发电成本和电动汽车碳减排量以及每度电标准煤耗量；③ 换电站运营模块，针对换电站两种电池充电策略设计了四种换电定价方案，并以煤电机组负荷率做换电价格的实时调整，其中还设置了价格系数以平衡发电系统、换电站和用户的利益分配；④ 用户响应模块，模拟电动出租车用户响应实时换电价格后更换电池数量的变化；⑤ 各方利益评估模块，计算换电系统的综合经济利益。利用敏感性分析证明模型鲁棒性，并根据中型城市出租车万人拥有量来扩大出租车的规模，分析其换电负荷对电网负荷的影响。以海口市为例，以最大化电动出租车节能减排效益和综合经济利益为目标，满足使电力系统、换电站和用户盈利的约束，提出相应的换电定价建议。

1.3.2　研究成果

（1）构建系统动力学模型，对包括电力供应商、公共充电站、用户和政府的充电定价利益链进行了实时仿真；实时充电价格在累加各项成本费用的基础上，加入了与电动汽车充电负荷率相关的价格调整系数，以达到对电网负荷削峰填谷的效果；本书提出的实时充电定价方案能够实现碳减排目标以及最大化各参与方的整体收益。

（2）在考虑影响私人充电桩充电定价各项因素的基础上，以最小化电网负荷峰谷差为目标，构建私人充电桩峰谷分时充电定价模型；该模型引入现有充电价格来模拟用户对新价格的响应；该模型提出的峰谷分时充电价格能够降低能源供应侧的煤耗和碳排放并改善电力系统的经济效益。

（3）构建了实现电动汽车节能减排效益以及平衡电力供应商、换电站和用户经济利益的换电定价模型；通过换电定价和充电策略结合的方式来协调换电站电池的充电和交换；用煤电机组负荷率来实时调整换电价格，得到了能够提高电动汽车能源效率和经济效益的换电定价方案。

第2章
公共充电站实时充电定价模型

由第 1 章的电动汽车发展政策综述可知通过提高电动汽车竞争力以及完善配套基础设施可以加速电动汽车的发展。由第 2 章的电动汽车与燃油汽车综合性能比较可知要实现电动汽车节能减排的优势，需要利用合理的充换电机制来引导用户有序充换电。在目前的技术水平允许条件下，充换电价格是影响电动汽车拥有成本的重要因素，其制定是增强电动汽车市场竞争力以及保证充换电服务有序进行的关键，政府应给予政策支持。鉴于电动汽车是否节能减排主要取决于其能源供应侧的排放和能耗，而充换电价格的制定通过变化的价格信号改变电动汽车用户的充换电行为从而影响电动汽车电源的清洁度。因此本书将充换电定价的环境和经济效益结合研究分析。由于在充电模式下电动汽车主要充电工具是公共充电站和私人充电桩两类：公共充电站是开放式的充电基础设施，服务对象是社会车辆；私人充电桩是私人专用，服务对象是私人电动汽车。因此需要分别对公共充电站和私人充电桩的充电定价策略进行研究。

2.1　实时充电定价模型构建

考虑不同实时充电定价方式的效应，本书提出了四种充电定价情景：① 基于峰谷分时电价的实时充电定价；② 基于实时发电成本的实时充电定价；③ 基于边际发电成本的实时充电定价；④ 基于平均发电成本的实时充电定价。本章分析四种充电定价情景对各项评价指标的影响，包括电动汽车充电功率峰谷差、发电成本和温室气体排放、各参与方利益以及充电站的生命周期净收入。

如图 2-1 所示，提出的系统动力学模型包括六个模块：电动汽车电力消耗、发电机调度、充电定价、用户响应、各参与方利益评价以及充电站生命周期净收入。充电定价模块和用户响应模块为系统动力学模型的核心模块。假设发电机的调度是基于前一天电网的负荷，用户能够及时地接收充电价格信息。充电定价是基于特定的定价情景确定的，与每个时段电动汽车充电功率以及充电站的电价相关。用户根据实时充电价格调整他们的充电行为，并能够定量地反馈每个时段的充电需求，同时新的电动汽车充电功率和常规负荷叠加后得到新的电网负荷结构。最后通过电动汽车电力消耗和充电定价模块的数据计算各参与方的经济利益以及充电站的生命周期净收入。由于该模型是一个相互反馈的系统，本书模拟实时充电价格长期的效应并将一天划分为 24h（$t=1$，2，3，…，24）来研究实时充电价格每个情景的变化。

2.1.1　电动汽车电力消耗模块

该模块为发电机调度模块提供基本数据以形成下一阶段新的发电成本和温室气体排放。此外，还提供了用户响应充电价格后形成的负荷结果。为了准确的分析电动汽车的充电功率，考虑北京市常用的四种电动汽车类型：公共汽车、出租车、环卫车和乘

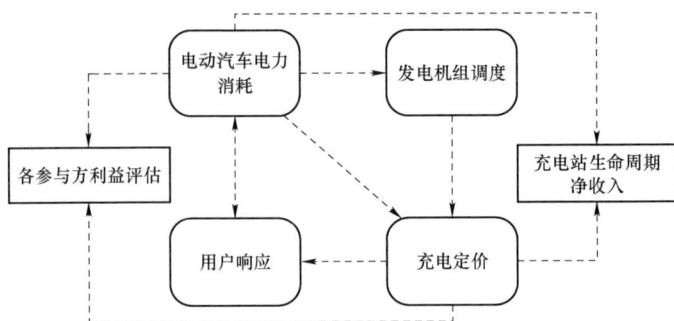

图 2-1 模型基本框架

用车。该模块还考虑了电动汽车充电负荷对电网负荷的影响。为了精确地模拟，本章考虑了电力传输过程中的损耗因素：线损和充电损耗。式（2-1）在考虑充电损耗率和线损率的基础上，将公共汽车充电功率、出租车充电功率、环卫车充电功率以及乘用车充电功率叠加后得到含线损的电动汽车充电负荷。式（2-2）～式（2-4）分别计算含线损的电动汽车电量消耗、充电站购电量和用户的充电量。式（2-5）将含线损的常规负荷与含线损的电动汽车充电负荷叠加后生成含线损的电网负荷。式（2-6）计算含线损的电网电量消耗。式（2-6）测算一天内含线损的电网电量消耗。其中 SUM() 为系统动力学软件中的公式，用来计算数组变量中所有元素的总和。该模块的主要公式为

$$F_c(t) = \frac{P_{ub}(t) + P_{ut}(t) + P_{us}(t) + P_{up}(t)}{(1-S) \times (1-\eta)} \qquad (2-1)$$

$$Q_c(t) = F_c(t) \times 1 \qquad (2-2)$$

$$Q_c'(t) = \frac{P_{ub}(t) + P_{ut}(t) + P_{us}(t) + P_{up}(t)}{1-S} \times 1 \qquad (2-3)$$

$$Q_c''(t) = \left[P_{ub}(t) + P_{ut}(t) + P_{us}(t) + P_{up}(t) \right] \times 1 \qquad (2-4)$$

$$F'(t) = F(t) + F_c(t) \qquad (2-5)$$

$$Q(t) = F'(t) \times 1 \qquad (2-6)$$

$$Q_{sum} = SUM\left[Q(t) \right] \qquad (2-7)$$

式中　$F_c(t)$ ——含线损的电动汽车充电负荷，MW；

　　　$P_{ub}(t)$ ——公共汽车充电功率，MW；

　　　$P_{ut}(t)$ ——出租车充电功率，MW；

　　　$P_{us}(t)$ ——环卫车充电功率，MW；

　　　$P_{up}(t)$ ——乘用车充电功率，MW；

　　　S ——充电损耗率；

　　　η ——线损率；

　　　$Q_c(t)$ ——含线损的电动汽车电量消耗，MWh；

　　　$Q_c'(t)$ ——充电站购电量，MWh；

　　　$Q_c''(t)$ ——用户的充电量，MWh；

　　　$F'(t)$ ——含线损的电网负荷，MW；

　　　$F(t)$ ——含线损的常规负荷，MW；

　　　$Q(t)$ ——含线损的电网电量消耗，MWh；

　　　Q_{sum} ——一天内含线损的电网电量消耗，MWh。

图 2-2 为电力消耗模块存量流量图，用来展示各个变量之间关系，连线代表两个变量之间存在关联，箭头方向表示后者通过前者计算所得。

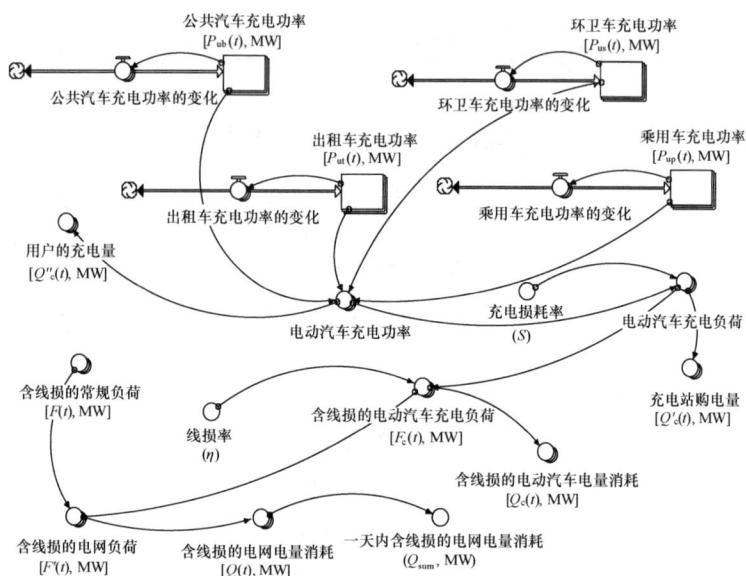

图 2-2　电力消耗模块存量流量图

2.1.2　发电机机组调度模块

　　基于发电机组当前的上网状态，本章根据发电机组不同发电技术将其划分为基荷发电机组和峰荷发电机组。根据发电成本从低到高排序，基荷发电机组的发电顺序为核电、季节性水电和煤电，峰荷发电机组的发电顺序为风电和径流式水电。该模块实现了发电侧的实时调度。不同的实时充电定价方案形成相应的发电成本和温室气体排放。因此，该模块为充电定价模块提供了基础数据。此外，还反映了电动汽车的电能来源是否环保。图 2-3 为发电机组调度模块的存量流量图。

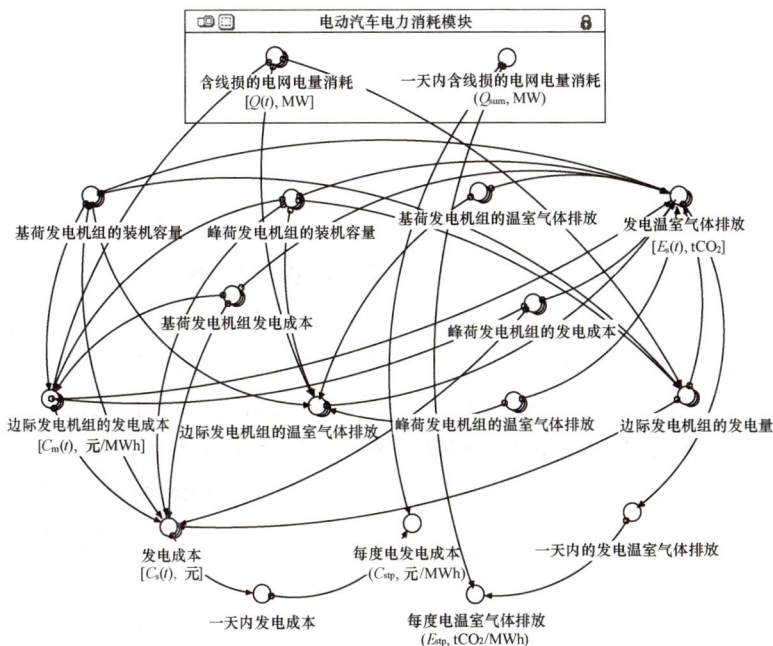

图 2-3　发电机组调度模块存量流量图

边际发电机组的发电成本，由本模块通过逻辑判断，不存在计算公式。电网是一个网状系统，很难去区分电动汽车的电能来源于哪项发电技术，因此，利用每度电发电成本和每度电温室气体排放来反应电网的平均发电成本和碳排放量的为式（2-8）和式（2-9）。

$$C_{stp} = \frac{\text{SUM}\left[C_s\left(t\right)\right]}{Q_{sum}} \qquad (2-8)$$

$$E_{stp} = \frac{\text{SUM}\left[E_s\left(t\right)\right]}{Q_{sum}} \qquad (2-9)$$

式中　$C_m\left(t\right)$ ——边际发电机组的发电成本，元/MWh；

　　　C_{stp} ——每度电发电成本，元/MWh；

　　　$C_s\left(t\right)$ ——发电成本，元；

E_{stp} ——每度电温室气体排放，tCO_2/MWh；

$E_s(t)$ ——发电温室气体排放，tCO_2。

2.1.3　充电定价模块

发电厂根据前日的电动汽车充电功率调度发电机组。因此，该模块以发电成本、输配成本、用电价格和充电服务成本形成电动汽车充电定价链，并提出了实时充电定价机制的价格调整率。

情景一（S1）：基于峰谷分时电价的实时充电定价方式。

该情景中发电价格由电动汽车电力消耗模块的 C_s 和发电机组调度模块的 Q 计算得出。充电站的用电价格为峰谷分时电价。为了确保充电站的盈利，除了考虑充电服务费外还应考虑充电损耗。此外情景一的实时充电定价方式还和电网负荷结构相关。由于电动汽车充电定价政策还不够完善，电动汽车的发展规模还比较小，政府需要提供补贴给充电站以刺激电动汽车的发展。图 2－4 为该模块的存量流量图。

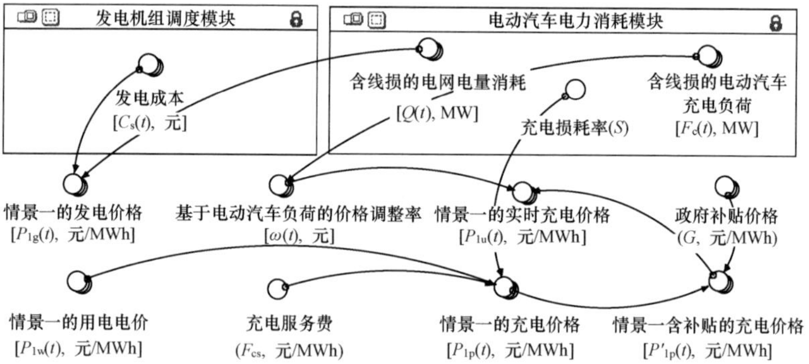

图 2－4　情景一实时充电定价存量流量图

式（2－10）通过发电成本和含线损的电网电量消耗计算情景

一的发电价格。式（2-11）通过情景一的用电电价、充电损耗率和充电服务费计算情景一的充电价格。式（2-12）计算情景一含补贴的充电价格。式（2-13）为基于电动汽车负荷的价格调整率，其中 MEAN() 为系统动力学软件中的公式，用来计算数组变量中所有元素的平均值。式（2-14）为情景一的实时充电价格。情景一的实时充电定价方案如下

$$P_{1g}(t) = \frac{C_s(t)}{Q(t)} \tag{2-10}$$

$$P_{1p}(t) = \frac{P_{1w}(t)}{1-S} + F_{cs} \tag{2-11}$$

$$P'_{1p}(t) = P_{1p}(t) - G \tag{2-12}$$

$$\omega(t) = \frac{F_c(t)}{\text{MEAN}[F_c(t)]} \tag{2-13}$$

$$P_{1u}(t) = P'_{1p}(t) \times \omega(t) \tag{2-14}$$

式中　$P_{1g}(t)$ ——情景一的发电价格，元/MWh；

$P_{1p}(t)$ ——情景一的充电价格，元/MWh；

$P_{1w}(t)$ ——情景一的用电电价，元/MWh；

F_{cs} ——充电服务费，元；

$P'_{1p}(t)$ ——情景一含补贴的充电价格，元/MWh；

G ——政府补贴价格，元/MWh；

$\omega(t)$ ——基于电动汽车负荷的价格调整率；

$P_{1u}(t)$ ——情景一的实时充电价格，元/MWh。

情景二（S2）：基于实时发电成本的实时充电定价方式。

情景二的实时充电定价和情景一一样，除了情景二充电价格的计算，情景二充电价格是由实时发电成本产生的，计算公式如下：

$$P_{2p}(t) = \frac{\dfrac{P_{2g}(t)}{(1-\eta)} + C_{gt}}{1-S} + F_{sw} \qquad (2-15)$$

式中　$P_{2p}(t)$——情景二的充电价格，元/MWh；

$\quad\quad P_{2g}(t)$——情景二的发电价格，元/MWh；

$\quad\quad C_{gt}$——电网的输配成本，元/MWh。

情景三（S3）：基于边际发电成本的实时充电定价方式。

与情景一和情景二不同的是，情景三的充电价格由发电机组调度模块中的边际发电机组的发电成本确定。由于发电的顺序根据发电的成本由低到高，因此越高的负荷需求会导致更高的发电成本。所以，边际机组发电成本（由发电机机组调度模块确定）的效应和情景一和情景二的基于电动汽车负荷的价格调整率相似。值得注意的是情景三的实时充电价格等于该情景的含补贴实时充电价格。情景三的充电价格和情景三的实时充电价格的计算公式如下

$$P_{3p}(t) = \frac{\dfrac{C_{m}(t)}{(1-\eta)} + C_{gt}}{1-S} + F_{sw} \qquad (2-16)$$

$$P_{3u}(t) = P'_{3p}(t) \qquad (2-17)$$

式中　$P_{3p}(t)$——情景三的充电价格，元/MWh；

$\quad\quad P_{3u}(t)$——情景三的实时充电价格，元/MWh；

$\quad\quad P'_{3p}(t)$——情景三的含补贴实时充电价格，元/MWh。

情景四（S4）：基于平均发电成本的实时充电定价方式。

不同于情景一、情景二和情景三，情景四的充电价格与情景四的每度电发电成本相关，其计算公式如下

$$P_{4p}(t) = \frac{\dfrac{C_{stp}}{(1-\eta)} + C_{gt}}{1-S} + F_{sw} \qquad (2-18)$$

式中　$P_{4p}(t)$——情景四的充电价格，元/MWh。

2.1.4　用户响应模块

　　该模块反映了用户响应新实时充电价格的功能，并形成新的充电功率。由于公司和个人响应充电价格的敏感度不同，因此本书分别设置了两个不同的充电功率弹性系数。负荷转移率由三种不同转移率组合而成，分别代表新的实时充电价格和平均充电价格、前一天充电价格和用户可接受的满意充电价格对比。因此，负荷转移率能够合理地反映用户愿为新充电价格改变的充电功率。该模块的存量流量图如图 2-5 所示。式（2-19）～式（2-21）分别计算水平负荷转移率、垂直负荷转移率和为满意负荷转移率，式（2-22）计算负荷转移率。

　　负荷转移率的计算公式如下

$$\lambda_{h}(t)=\begin{cases} 0 & \left|P_{u}(t)-\mathrm{MEAN}\left(P_{u}(t)\right)\right|\leqslant\Delta P_{hlow} \\ \lambda_{h0}\times\dfrac{P_{u}(t)-\mathrm{MEAN}\left(P_{u}(t)\right)}{\left|P_{u}(t)-\mathrm{MEAN}\left(P_{u}(t)\right)\right|} & \Delta P_{hlow}<\left|P_{u}(t)-\mathrm{MEAN}\left(P_{u}(t)\right)\right|\leqslant\Delta P_{hup} \\ m_{h}\left\{P_{u}(t)-\mathrm{MEAN}\left(P_{u}(t)\right)\right\} & \Delta P_{hup}<\left|P_{u}(t)-\mathrm{MEAN}\left(P_{u}(t)\right)\right| \end{cases}$$

$$(2-19)$$

$$\lambda_{v}(t)=\begin{cases} 0 & \left|P_{u}(t)-P_{u0}(t)\right|\leqslant\Delta P_{vlow} \\ m_{v}\left|P_{u}(t)-P_{u0}(t)\right| & \Delta P_{vlow}<\left|P_{u}(t)-P_{u0}(t)\right|\leqslant\Delta P_{vup} \\ \lambda_{v0} & \Delta P_{vup}<\left|P_{u}(t)-P_{u0}(t)\right| \end{cases}$$

$$(2-20)$$

$$\lambda_{s}(t)=P_{au}/P_{u}(t) \qquad (2-21)$$

$$\lambda(t)=\lambda_{h}(t)\times\lambda_{v}(t)\times\lambda_{s}(t) \qquad (2-22)$$

式中　　$\lambda_{h}(t)$ ——水平负荷转移率；

　　　　ΔP_{hlow} ——水平阈值的下限；

　　　　λ_{h0} ——初始水平负荷转移率；

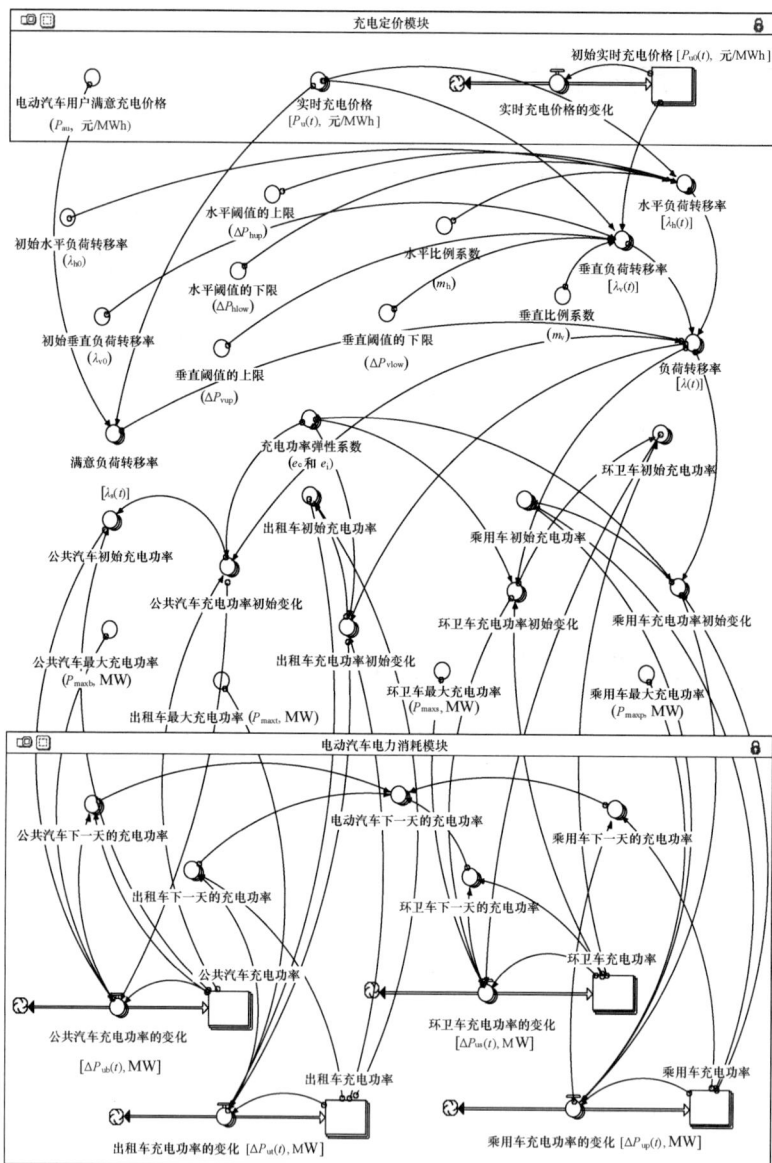

图 2-5 用户响应模块存量流量图

ΔP_{hup} ——水平阈值的上限；

m_{h} ——水平比例系数；

$\lambda_{\text{v}}(t)$ ——垂直负荷转移率；

$P_{\text{u0}}(t)$ ——初始实时充电价格，元/MWh；

ΔP_{vlow} ——垂直阈值的下限；

m_{v} ——垂直比例系数；

ΔP_{vup} ——垂直阈值的上限；

λ_{v0} ——初始垂直负荷转移率；

$\lambda_{\text{s}}(t)$ ——满意负荷转移率；

P_{au} ——电动汽车用户满意充电价格，元/MWh；

$\lambda(t)$ ——负荷转移率。

式（2-23）～式（2-26）分别用来计算公共汽车充电功率的变化、出租车充电功率的变化、环卫车充电功率的变化和乘用车充电功率的变化。用户响应新充电价格后电动汽车充电功率的变化计算公式如下

$$\Delta P_{\text{ub}}(t) = \begin{cases} -\lambda(t)e_{\text{c}}\text{MEAN}\left(P_{\text{ub}}(t)\right) & \begin{bmatrix} -\lambda(t)e_{\text{c}}\text{MEAN} \\ \left(P_{\text{ub}}(t)\right) + P_{\text{ub}}(t) \end{bmatrix} \leqslant P_{\text{maxb}} \\ P_{\text{maxb}} - P_{\text{ub}}(t) & P_{\text{maxb}} < \begin{bmatrix} -\lambda(t)e_{\text{c}}\text{MEAN} \\ \left(P_{\text{ub}}(t)\right) + P_{\text{ub}}(t) \end{bmatrix} \end{cases}$$

（2-23）

$$\Delta P_{\text{ut}}(t) = \begin{cases} -\lambda(t)e_{\text{i}}\text{MEAN}\left(P_{\text{ut}}(t)\right) & \begin{bmatrix} -\lambda(t)e_{\text{i}}\text{MEAN} \\ \left(P_{\text{ut}}(t)\right) + \left(P_{\text{ut}}(t)\right) \end{bmatrix} \leqslant P_{\text{maxt}} \\ P_{\text{maxt}} - P_{\text{ut}}(t) & P_{\text{maxt}} < \begin{bmatrix} -\lambda(t)e_{\text{i}}\text{MEAN} \\ \left(P_{\text{ut}}(t)\right) + P_{\text{ut}}(t) \end{bmatrix} \end{cases}$$

（2-24）

$$\Delta P_{\mathrm{us}}(t) = \begin{cases} -\lambda(t)e_{\mathrm{c}}\mathrm{MEAN}\big(P_{\mathrm{us}}(t)\big)) & \begin{bmatrix} -\lambda(t)e_{\mathrm{c}}\mathrm{MEAN} \\ \big(P_{\mathrm{us}}(t)\big) + P_{\mathrm{us}}(t) \end{bmatrix} \leqslant P_{\mathrm{maxs}} \\ \\ P_{\mathrm{maxs}} - P_{\mathrm{us}}(t) & P_{\mathrm{maxs}} < \begin{bmatrix} -\lambda(t)e_{\mathrm{c}}\mathrm{MEAN} \\ \big(P_{\mathrm{us}}(t)\big) + P_{\mathrm{us}}(t) \end{bmatrix} \end{cases}$$

$$(2-25)$$

$$\Delta P_{\mathrm{up}}(t) = \begin{cases} -\lambda(t)e_{\mathrm{i}}\mathrm{MEAN}\big(P_{\mathrm{up}}(t)\big) & \begin{bmatrix} -\lambda(t)e_{\mathrm{i}}\mathrm{MEAN} \\ \big(P_{\mathrm{up}}(t)\big) + P_{\mathrm{up}}(t) \end{bmatrix} \leqslant P_{\mathrm{maxp}} \\ \\ P_{\mathrm{maxp}} - P_{\mathrm{up}}(t) & P_{\mathrm{maxp}} < \begin{bmatrix} -\lambda(t)e_{\mathrm{i}}\mathrm{MEAN} \\ \big(P_{\mathrm{up}}(t)\big) + P_{\mathrm{up}}(t) \end{bmatrix} \end{cases}$$

$$(2-26)$$

式中　$\Delta P_{\mathrm{ub}}(t)$——公共汽车充电功率的变化，MW；

$\quad\quad e_{\mathrm{c}}$——公司充电功率弹性系数；

$\quad\quad P_{\mathrm{maxb}}$——公共汽车最大充电功率，MW；

$\quad\quad \Delta P_{\mathrm{ut}}(t)$——出租车充电功率的变化，MW；

$\quad\quad e_{\mathrm{i}}$——个人充电功率弹性系数；

$\quad\quad P_{\mathrm{maxt}}$——出租车最大充电功率，MW；

$\quad\quad \Delta P_{\mathrm{us}}(t)$——环卫车充电功率的变化，MW；

$\quad\quad P_{\mathrm{maxs}}$——环卫车最大充电功率，MW；

$\quad\quad \Delta P_{\mathrm{up}}(t)$——乘用车充电功率的变化，MW；

$\quad\quad P_{\mathrm{maxp}}$——乘用车最大充电功率，MW。

2.1.5　各方利益评估模块

　　一共有四个主体参与整个实时充电定价系统里的利益分配，其中包括电力供应商、充电站、用户以及政府。每个参与方都在充电价格中产生相应的成本与获得相应的收入。电能从发电厂传输到电网，再通过充电站最终传输到电动汽车上。不仅成本累加了，同时传输的电量也发生了改变。该模块计算了实时充电定价各参与方以及整个充电链的经济效益，其存量流量图如图 2-6 所示。

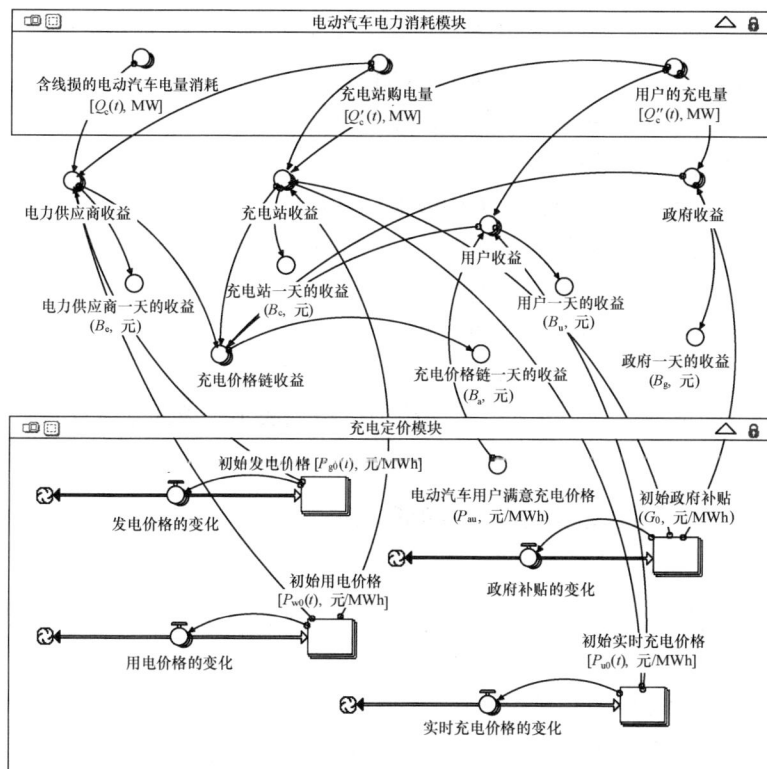

图 2-6　各参与方利益评估模块存量流量图

式（2-27）～式（2-30）分别计算各参与方包括电力供应商、充电站、用户和政府一天的收益。式（2-31）为充电价格链一天的利益。该模块公式如下

$$B_e = \text{SUM}\left[P_{w0}(t)Q_c'(t) - P_{g0}(t)Q_c(t)\right] \quad (2-27)$$

$$B_c = \text{SUM}\left\{\left[P_{u0}(t) + G_0\right]Q_c''(t) - P_{w0}(t)Q_c'(t)\right\} \quad (2-28)$$

$$B_u = \text{SUM}\left\{\left[P_{ua} - P_{u0}(t)\right]Q_c''(t)\right\} \quad (2-29)$$

$$B_g = \text{SUM}\left[-G_0 Q_c''(t)\right] \quad (2-30)$$

$$B_a = B_e + B_c + B_g + B_u \quad (2-31)$$

式中　B_e——电力供应商一天的收益，元；

$P_{w0}(t)$——初始用电价格，元/MWh；

$P_{g0}(t)$——初始发电价格，元/MWh；

B_c——充电站一天的收益，元；

G_0——初始政府补贴，元/MWh；

B_u——用户一天的收益，元；

B_g——政府一天的收益，元；

B_a——充电价格链一天的利益，元。

当模型运行到此处，说明模型已经完成了一天的基本计算。

2.1.6　充电站生命周期净收入模块

为了测算充电站的生命周期净收入（L_{cp}，元），本书使用陈广开等（2016年）提供的成本效益评估方法和数据。相应地，本书将该文献中的分时充电功率和分时充电价格替换为文中的实时充电功率和充电价格。另外，根据北京市充电站的数量，相应地调整和测算了陈广开等（2016年）研究中充电站的成本。充电站年用电成本和年运营收入如下

$$C_{cp}(T) = \sum_{1+365(T-1)}^{365T}\left\{\text{SUM}\left[P_{w0}(t)Q'(t)\right]\right\} \quad (2-32)$$

$$I_A(T) = \sum_{1+365(T-1)}^{365T}\left\{\text{SUM}\left[P_{p0}(t)Q_c''(t)\right]\right\} \quad (2-33)$$

式中 $C_{cp}(T)$ ——充电站年用电成本，元；

　　　T ——充电站的使用寿命，年；

　　$I_A(T)$ ——年运营收入，元。

2.2 系数设置与结果分析

2.2.1 模型系数的设置

以北京地区为算例，表 2-1 和表 2-2 中 24h 的地区常规负荷、电动汽车充电功率的数据来源于作者对北京市电网以及充电站的调研。可知该市的常规负荷很高，此外由于电动汽车的数量少其充电负荷较低。

表 2-1 　　　　　　　　　24h 常规负荷　　　　　　　　MW

时刻	负荷	时刻	负荷	时刻	负荷	时刻	负荷
1	9962.86	7	10 450.95	13	17 322.84	19	15 813.8
2	9369.53	8	12 571.51	14	17 228.38	20	16 056.32
3	8919.59	9	14 914.15	15	17 261.56	21	16 239.37
4	8643.24	10	16 413.02	16	17 316.02	22	15 380.58
5	8567.24	11	17 297.23	17	17 118.31	23	13 709.11
6	9066.06	12	17 366.19	18	16 306.82	24	11 860.02

表 2-2 　　　　　　　　电动汽车初始充电功率　　　　　　　MW

	时刻	1	2	3	4	5	6	7	8
公司	公共汽车	1.7	1.82	1.57	1.14	0.43	0	0	0
	环卫车	0.21	0.17	0.12	0.09	0.06	0.04	0.03	0
个人	出租车	1.062	0.966	0.727	0.625	0.357	0.237	0.191	0.239
	乘用车	0.225	0.111	0.059	0	0	0	0	0.109

时刻		9	10	11	12	13	14	15	16
公司	公共汽车	0	0	0.4	1	1.9	2.6	1.8	0.9
	环卫车	0	0	0	0	0	0	0	0
个人	出租车	0.577	0.902	1.36	1.783	2.114	2.073	2.033	2.265
	乘用车	0.732	0.745	0.113	0	0	0	0	0
时刻		17	18	19	20	21	22	23	24
公司	公共汽车	0	0	0	0	0	0	0.61	1.3
	环卫车	0	0.03	0.04	0.062	0.081	0.12	0.17	0.19
个人	出租车	2.099	1.802	1.78	1.58	1.141	1.059	0.038	1.533
	乘用车	0	0.04	1.839	1.43	0.924	0.64	0.421	0.252

表 2-3 中发电机组的装机容量根据作者对北京市电网调研所得。本书根据发电机组的特性将其划分为基荷和峰荷机组，并假设电网按照发电机组发电成本从低到高的顺序进行调度。每度电发电成本和温室气体排放的数据参考邹文等（2011 年）的研究以及 21 世纪可再生能源政策网。

表 2-3　　　　　　　　发 电 机 组 调 度

项目 \ 机组	基荷机组			峰荷机组	
发电技术	核电	季节性水电	煤电	风电	径流式水电
装机容量（MW）	3000	2200	10 000	2000	1800
每度电发电成本（元/MWh）	80 [a]	120 [a]	270 [a]	248 [b]	2200 [a]
每度电温室气体排放（tCO₂/MWh）	0 [a]	0 [a]	0.335 [a]	0 [a]	0 [a]

数据来源：a《实时电价下插电式混合动力汽车智能集中充电策略》（邹文等，2011 年）；
　　　　　b 21 世纪可再生能源政策网。

换电站用电价格 P_w 和其初始用电价格 P_{w0} 均为表 2-4 中的

峰谷分时用电价格。充电价格 P_{p0} 等于 P_{w0} 和充电服务费 F_{cs} 的和。此外，实时充电价格 P_{u0} 等于 P_{p0}。

表 2-4　　　　峰 谷 分 时 用 电 价 格

时间	峰段	平段	谷段
	10:00—15:00 18:00—21:00	7:00—10:00 15:00—18:00 21:00—23:00	23:00—7:00
价格（元/MWh）	1004.4	695	394.6

表 2-5 为模型主要参数设置列表，包括变量定义，对应系统动力学软件组件类型及变量单元。

表 2-5　　　　　　主　要　参　数

变量名	参数	类型	定义	单位
24 个时刻	t	—	1, 2, 3, …, 24	—
公共汽车充电功率	$P_{ub}(t)$	☐	表 2-2	MW
出租车充电功率	$P_{ut}(t)$	☐	表 2-2	MW
环卫车充电功率	$P_{us}(t)$	☐	表 2-2	MW
乘用车充电功率	$P_{up}(t)$	☐	表 2-2	MW
充电损耗率	S	○	17%[a]	—
线损率	η	○	6.68%[b]	—
含线损的电动汽车充电负荷	$F_c(t)$	◖	式（2-1）	MW
含线损的电动汽车电量消耗	$Q_c(t)$	◖	式（2-2）	MWh
充电站购电量	$Q'_c(t)$	◖	式（2-3）	MWh
用户的充电量	$Q''_c(t)$	◖	式（2-4）	MWh
含线损的常规负荷	$F(t)$	◖	表 2-1	MW
含线损的电网负荷	$F'(t)$	◖	式（2-5）	MW
含线损的电网电量消耗	$Q(t)$	◖	式（2-6）	MWh

变量名	参数	类型	定义	单位
一天内含线损的电网电量消耗	Q_{sum}	◯	式（2-7）	MWh
发电成本	$C_s(t)$	◖	图2-3	元
每度电发电成本	C_{stp}	◯	式（2-8）	元/MWh
发电温室气体排放	$E_s(t)$	◖	图2-3	tCO$_2$
每度电温室气体排放	E_{stp}	◯	式（2-9）	tCO$_2$/MWh
情景一的发电价格	$P_{1g}(t)$	◖	式（2-10）	元/MWh
情景一的用电电价	$P_{1w}(t)$	◖	表2-4	元/MWh
充电服务费	F_{cs}	◖	800	元/MWh
情景一的充电价格	$P_{1p}(t)$	◖	式（2-11）	元/MWh
政府补贴价格	G	◯	0	元/MWh
情景一含补贴的充电价格	$P'_{1p}(t)$	◖	式（2-12）	元/MWh
基于电动汽车负荷的价格调整率	$\omega(t)$	◖	式（2-13）	—
情景一的实时充电价格	$P_{1u}(t)$	◖	式（2-14）	元/MWh
电网的输配成本	C_{gt}	◯	95.2 [b]	元/MWh
情景二的充电价格	$P_{2p}(t)$	◖	式（2-15）	元/MWh
边际发电机组的发电成本	$C_m(t)$	◖	图2-3	元/MWh
情景三的充电价格	$P_{3p}(t)$	◖	式（2-16）	元/MWh
情景三的实时充电价格	$P_{3u}(t)$	◖	式（2-17）	元/MWh
情景三的含补贴实时充电价格	$P'_{3p}(t)$	◖	式（2-17）	元/MWh
情景四的充电价格	$P_{4p}(t)$	◖	式（2-18）	元/MWh
水平阈值的下限	ΔP_{hlow}	◯	76.2	—
初始水平负荷转移率	λ_{h0}	◯	0.6	—
水平阈值的上限	ΔP_{hup}	◯	762	—

变量名	参数	类型	定义	单位
水平比例系数	m_h	◯	1/1000	—
水平负荷转移率	$\lambda_h(t)$	◯	式（2-19）	—
初始实时充电价格	$P_{u0}(t)$	▭	1194.6	元/MWh
垂直阈值的下限	ΔP_{vlow}	◯	100	—
垂直比例系数	m_v	◯	1/500	—
垂直阈值的上限	ΔP_{vup}	◯	500	—
初始垂直负荷转移率	λ_{v0}	◯	1	—
垂直负荷转移率	$\lambda_v(t)$	◯	式（2-20）	—
电动汽车用户满意充电价格	P_{au}	◯	1030 [c]	元/MWh
满意负荷转移率	$\lambda_s(t)$	◯	式（2-21）	—
负荷转移率	$\lambda(t)$	◯	式（2-22）	—
公司充电功率弹性系数	e_c	◯	3	—
公共汽车最大允充电功率	P_{maxb}	◯	5	MW
公共汽车充电功率的变化	$\Delta P_{ub}(t)$	◯	式（2-23）	MW
个人充电功率弹性系数	e_i	◯	1	—
出租车最大充电功率	P_{maxt}	◯	4.4	MW
出租车充电功率的变化	$\Delta P_{ut}(t)$	◯	式（2-24）	MW
环卫车最大充电功率	P_{maxs}	◯	0.4	MW
环卫车充电功率的变化	$\Delta P_{us}(t)$	◯	式（2-25）	MW
乘用车最大充电功率	P_{maxp}	◯	4	MW
乘用车充电功率的变化	$\Delta P_{up}(t)$	◯	式（2-26）	MW
初始发电价格	$P_{g0}(t)$	▭	429.1 [a]	元/MWh
初始用电价格	$P_{w0}(t)$	▭	表 2-4	元/MWh
电力供应商一天的收益	B_e	◯	式（2-27）	元

续表

变量名	参数	类型	定义	单位
初始政府补贴	G_0	▢	0	元/MWh
充电站一天的收益	B_c	◯	式（2-28）	元
用户一天的收益	B_u	◯	式（2-29）	元
政府一天的收益	B_g	◯	式（2-30）	元
充电价格链一天的收益	B_a	◯	式（2-31）	元
充电站的使用寿命	T	◯	10	年
充电站年用电成本	$C_{cp}(T)$	◗	式（2-32）	元
年运营收入	$I_A(T)$	◗	式（2-33）	元
充电站的生命周期净收入	L_{cp}	◯	（Han Hao 等，2014 年）	元

数据来源：a 太阳能电动汽车网；

　　　　　b 《2014 中国统计年鉴》；

　　　　　c 《运用成本效益分析的电动汽车充电电价制定》（路宽等，2014 年）。

2.2.2　结果分析

实时充电价格的对比反映了不同情景的价格水平。高价格水平虽然能使换电站的收益增加但却会导致用户的利益减少。电动汽车充电功率以及电网负荷对比可以显示不同情景下换电站对电网负荷的转移效果。发电成本和温室气体排放的计算用来测试各个情景下发电侧的节能减排效果。此外，本章还通过评估包括电力供应商、充电站、用户和政府各参与方利益以及充电站生命周期净收入来计算不同充电定价情景的经济效益。

1. 实时充电价格

图 2-7 表明情景一和情景三的实时充电价格高于初始情景。情景二和情景四的实时充电价格几乎一致并低于初始情景。初始

情景、情景一、情景二和情景四的实时充电价格基于 833.38MW 和 2013.36MW 之间变化。由于情景三的实时充电价格很高并只有两个不同的价格段，价格信号对用户的刺激不大，充电行为几乎没有发生转移，直接导致图 2-8 中该情景换电站负荷转移不明显的结果。

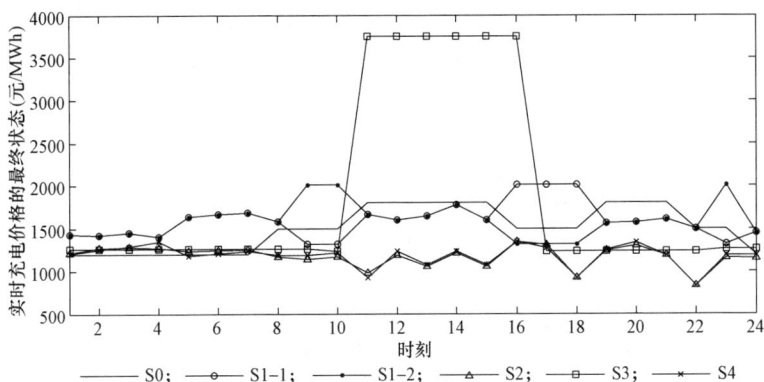

图 2-7 实时充电价格

注：S1-1 和 S1-2 表示情景一连续两天的实时充电价格。

2. 电动汽车负荷

由于情景一的实时充电价格是波动的，情景一相邻两天的电动汽车充电功率是不同的。图 2-8 显示不同情景下含线损电动汽车负荷是不同的。

图 2-8 中除情景三，情景一、情景二和情景四都增加了电动汽车充电功率。情景二和情景四的含线损电动汽车负荷比情景一的平滑。情景三的电动汽车负荷产生了新的高峰，其负荷差异大于初始情景。由于换电站中电动汽车的充电功率小，图 2-9 中显示其对电网的影响小到几乎可以忽略。还可知电网的电力主要来源煤电。

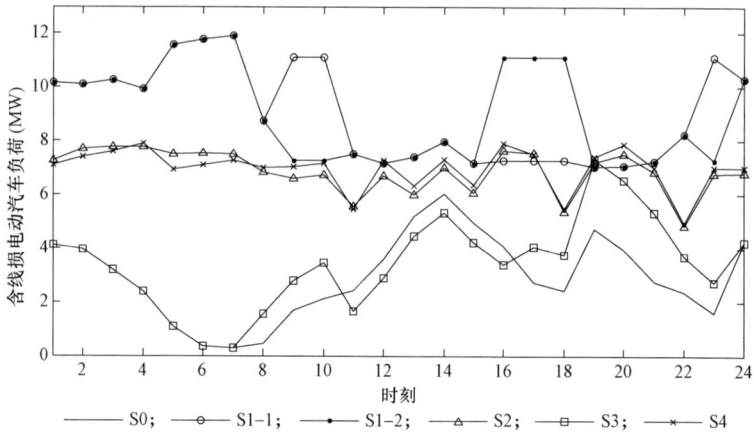

图 2-8　含线损的电动汽车充电负荷

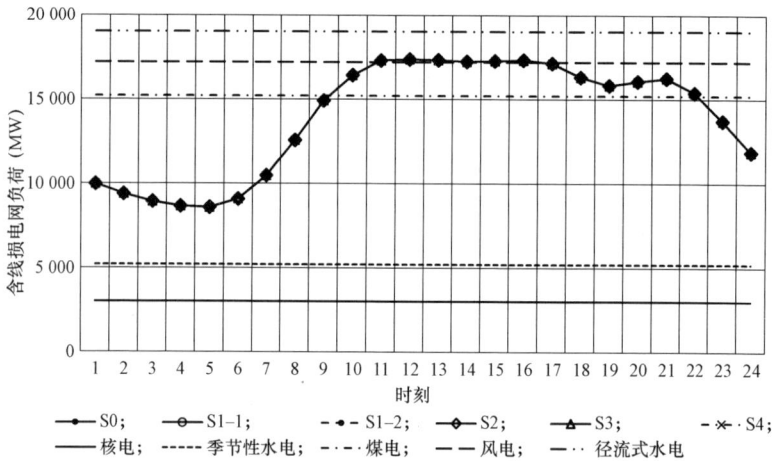

图 2-9　含线损的电网负荷

3. 发电成本和温室气体排放

从图 2-10 可以看出情景一的每度电发电成本处于振荡状态，但从实际数字来看，其变动并不大。

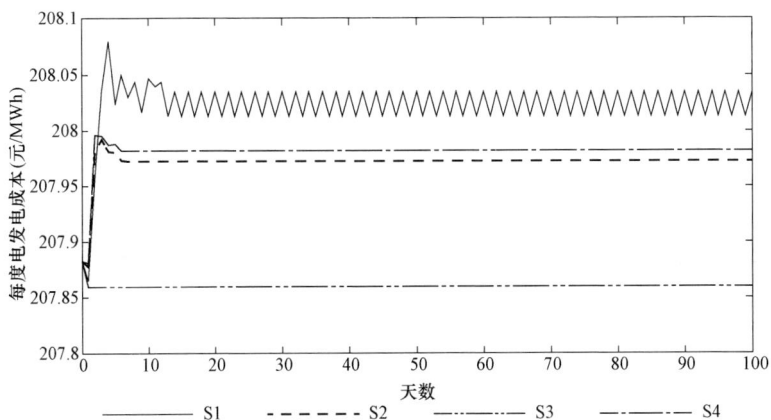

图 2-10　单位发电成本

图 2-11 展示了每度电发电温室气体排放,可知各个情景每度电发电温室气体排放差异较小,其排序为 S3>S0>S4>S2>S1。

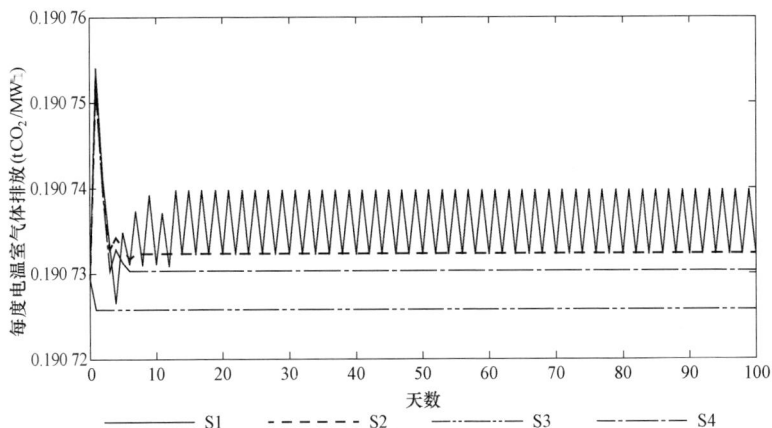

图 2-11　单位发电排放

4. 各参与方利益

实时充电定价机制需要平衡各参与方的利益,因此要对各参

51

与方的收益进行研究。图 2-12 为每个情景下电力供应商、充电站和用户的收益。

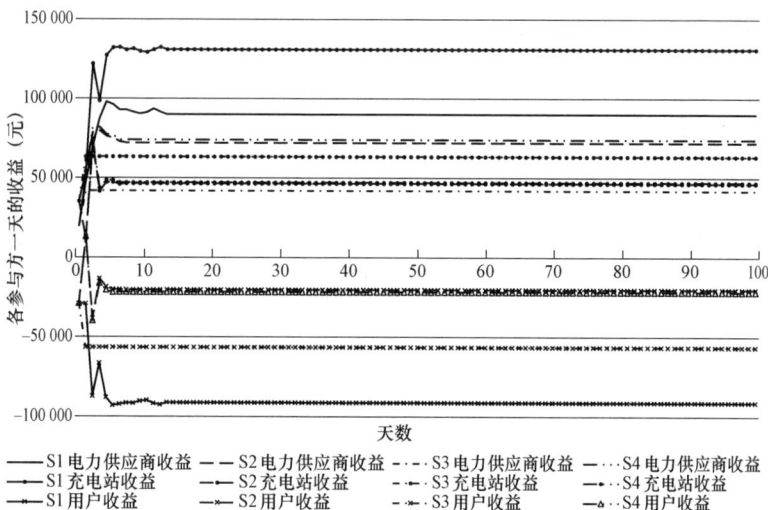

图 2-12　各参与方一天的收益

由图 2-12 可知电力供应商和充电站是盈利的，然而电动汽车用户由于没有政府补贴损失严重。情景一电力供应商和充电站的收益明显高于其他情景，但其用户收益是最低的。电力供应商、充电站和用户收益的排序分别是 S1>S4>S2>S3>S0，S1>S3>S4>S2>S0 和 S2>S4>S0>S3>S1。结合前面的分析，可知充电价格越高用户收益就越低。目前电动汽车充电规模较小，政府应通过补贴降低充电价格以提高用户收益，激励用户积极响应，增加电动汽车充电功率也使电动汽车使用得到推广。图 2-13 中充电价格链收益排序为 S1>S4>S2>S3>S0。情景一、情景二和情景四充电价格链的收益明显高于初始情景和情景三。

5. 充电站生命周期净收入

维持充电站的经济运营很重要，因此需要分析充电站的生命

周期净收入。由图 2－14 可知四个情景的充电站生命周期净收入
都高于初始情景。但四个情景充电站的亏损还是很大。充电站生
命周期净收入排序为 S1＞S3＞S4＞S2＞S0，说明情景一最有利于
充电站的经济运营。

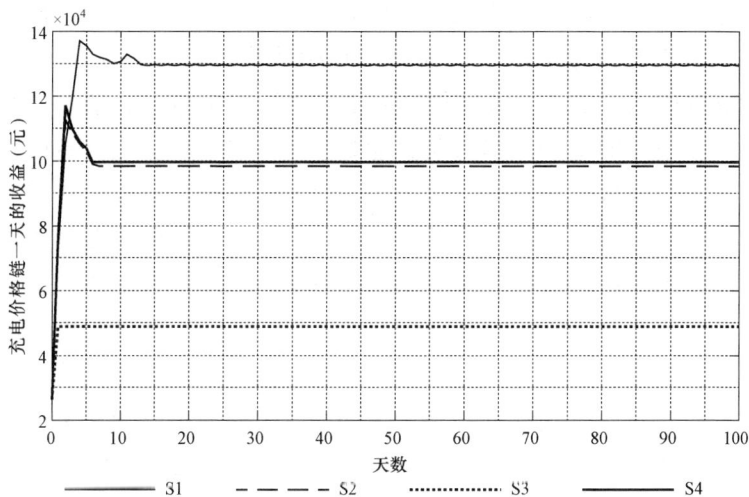

图 2－13　充电利益链一天的收益

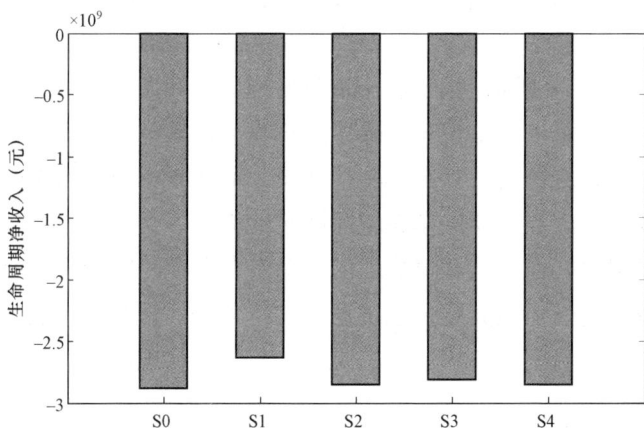

图 2－14　生命周期净收入

6. 仿真结果总结

从图 2-7 和图 2-8 可知情景一、情景二和情景四结合价格调整率的充电价格转移用户充电行为的效果明显比初始情景和情景三好。图 2-8 可以得出实时充电价格可以增加用户的充电需求，能够推广电动汽车的使用。此外，情景一、情景二和情景四的电动汽车负荷高于初始情景，尤其是从 0:00—9:00 的时段。图 2-10 和图 2-11 可以看出情景一、情景二和情景四增加的电动汽车负荷其能源供应来自煤电，这就造成了较高的发电成本和温室气体排放。然而，由于目前电动汽车充电功率还比较小，四个情景下其对电网负荷、每度电发电成本和每度电发电排放的影响很小。随着电动汽车规模的扩大，其充电功率也会增大。如果使用不可再生能源为大规模的电动汽车进行充电，就达不到电动汽车零污染的目的，甚至会使电动汽车的使用产生较燃油汽车更大的污染。如果用户的充电行为是随机和无序的，大规模的电动汽车充电不仅会加大电网的峰谷差还会增加用户充电的等待时间。因此，有必要设计一个合理的实时充电定价机制来分散用户的充电时间以转移负荷的高峰。

如表 2-6 所示，由于各个情景发电成本和发电温室气体排放差异很小，可以得出情景一除了用户收益，其他参与方收益以及整个充电价格链收益都高于其他情景。但情景一电动汽车负荷处于振荡状态，当电动汽车充电功率足够大时，会对充电装置的性能造成损害。情景二和情景四的电动汽车负荷相对稳定并且其用户收益较高，但是其整体经济性不如情景一。情景三有利于减少发电成本和温室气体排放，但是不能起到转移电动汽车充电负荷的功能。

表 2－6　　　　四个实时充电定价情景的优选排序

评价指标	优选排序
每度电发电成本	S3＞S0＞S2＞S4＞S1
每度电温室气体排放	S3＞S0＞S4＞S2＞S1
电力供应商一天的收益	S1＞S4＞S2＞S3＞S0
充电站一天的收益	S1＞S3＞S4＞S2＞S0
用户一天的收益	S2＞S4＞S0＞S3＞S1
充电价格链一天的收益	S1＞S4＞S2＞S3＞S0
充电站生命周期净收入	S1＞S3＞S4＞S2＞S0

　　四个实时充电定价方案都能改善电力供应商、充电站和充电价格链的收益。提高用户的收益有利于电动汽车的推广。但由于图 2－12 中情景一和情景三高额的充电价格，用户的收益很低。从图 2－14 计算的充电站生命周期净收入可知，充电站营运商损失严重。应采取辅助措施增加用户和充电站运营商的收益。

2.2.3　敏感性分析

　　为了评估不同实时充电定价情景的效应，本书设置了一些参数以使模型得以运行，但是这些参数在现实中是会变化的。因此有必要测试模型的鲁棒性。证实实时充电定价模型鲁棒性的敏感性分析结果如表 2－7 所示。由于实时充电价格、电动汽车充电负荷和电网负荷曲线的变化很小，此处不再做分析。符号–表示没有发生变化。从表 2－7 可以看出其与初始结果数据有些不同，但是并不影响结论，因此充分体现了模型的鲁棒性。

表 2-7　　　实时充电定价模型的敏感性分析结果

参数	变化范围	C_{stp}	E_{stp}	B_e	B_c	B_u	B_g	B_a	L_{cp}
e_c	5%	—	—	—	—	—	—	—	—
	−5%	—	—	—	—	—	—	—	—
e_i	5%	—	—	—	—	—	—	—	—
	−5%	—	—	—	—	—	—	—	—
λ_{ho}	5%								
	−5%				S1>S3> S2>S4> S0			S1>S2> S4>S3> S0	S1>S3> S2>S4> S0
λ_{vo}	5%								
	−5%	S3>S0> S4>S2> S1	—	S1>S2> S4>S3> S0	S1>S3> S2>S4> S0			S1>S2> S4>S3> S0	S1>S3> S2>S4> S0
m_h	5%	—	S3>S4> S0>S2> S1	—	S1>S3> S2>S4> S0		—	S1>S2> S4>S3> S0	S1>S3> S2>S4> S0
	−5%	S3>S0> S4>S2> S1	—	S1>S2> S4>S3> S0			—	S1>S2> S4>S3> S0	
m_v	5%	—	—	—	S1>S3> S2>S4> S0	—	—	—	S1>S3> S2>S4> S0
	−5%	—	—	—	—	—	—	—	—
P_{c0}	×5								
	×10								
G	+100	S3>S0> S4>S2> S1	S3>S4> S2>S0> S2	S1>S2> S4>S3> S0	S1>S3> S2>S4> S0	—	S0>S3> S4>S2> S1	S1>S2> S4>S3> S0	S1>S3> S2>S4> S0
	+200	—	S3>S4> S0>S2> S1	S1>S2> S4>S3> S0	S1>S3> S2>S4> S0		—	S1>S2> S4>S3> S0	S1>S3> S2>S4> S0
F_{cs}	+100	—	S4>S0> S3>S2> S1	—	—	S0>S2> S4>S3> S1	—	—	—
	+200	—	S4>S0> S2>S3> S1	S1>S2> S4>S3> S0	S1>S3> S2>S4> S0	S0>S4> S2>S3> S1	—	S1>S2> S4>S3> S0	S1>S3> S2>S4> S0

注　P_{c0} 是电动汽车初始充电功率，等于公共汽车、环卫车、出租车以及乘用车初始充电功率相加的总和。

鉴于目前电动汽车充电功率较小，因此各个充电定价情景的发电成本和发电温室气体排放差异小，电动汽车充电负荷对电网负荷的影响也几乎为零。此外，鉴于图 2-12 和图 2-14 显示用户和充电站运营商的损失严重，不利于电动汽车的推广，本书分别扩大电动汽车充电功率、增加政府补贴和提高充电服务费，并分析其对电力供应商、充电站、用户、政府以及充电价格链的收益的影响。

（1）扩大电动汽车的充电功率。在考虑充电站的充电容量的基础上，按照用户目前的充电行为分别将现有电动汽车充电功率扩大到 5 倍和 10 倍。从图 2-15 可以看出，电力供应商、充电站和充电价格链的收益随着电动汽车充电功率的扩大而增加。图 2-15（e）显示当电动汽车充电功率扩大到 10 倍，情景一下充电站变成盈利的。尽管如此，随着电动汽车充电功率的扩大，用户的经济损失却加大了。说明仅仅通过扩大电动汽车充电功率并不能改善用户的收益。

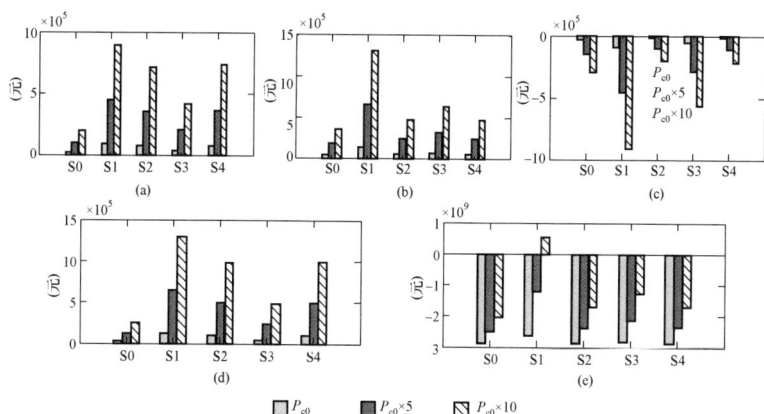

图 2-15　扩大电动汽车充电功率的效应对比

（a）电力供应商一天的收益；（b）充电站一天的收益；（c）用户一天的收益；

（d）充电价格链一天的收益；（e）充电站生命周期净收入

（2）为充电站提供政府补贴。图 2-16 分析实时充电价格引入政府补贴后四个情景的变化。用户的收益是指其愿意支付充电费用和实际支付充电费用差额，增加政府补贴后可以提高四个情景下用户的收益。情景一和情景三的电力供应商、充电站和充电价格链收益都得到了改善。情景二和情景四则不然。值得注意的是政府补贴的引入降低了充电价格，但同时也增加了政府的财政负担。因此，政府应该根据实际情况为充电站提供适当合理的补贴。此外，由于初始情景政府补贴为零，因此图 2-16 中该情景下无提供政府补贴的相关数据。

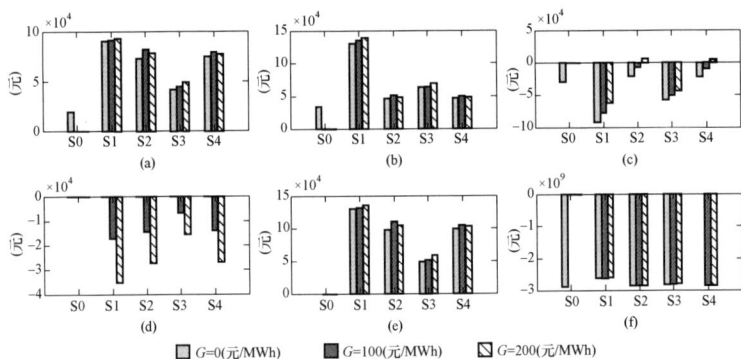

图 2-16 为充电站提供政府补贴的效应对比

（a）电力供应商一天的收益；（b）充电站一天的收益；（c）用户一天的收益；

（d）政府一天的收益；（e）充电价格链一天的收益；

（f）充电站生命周期净收益

（3）提高充电服务费。从图 2-17 可以看出提高充电服务费能够改善所有情景下充电站的收益。但是却不能提高电力供应商、用户和充电价格链的收益，相反会使充电站在整个运营周期造成更大的经济损失。因此，提高充电服务费不是一项有效的措施，尤其是在电动汽车推广阶段。

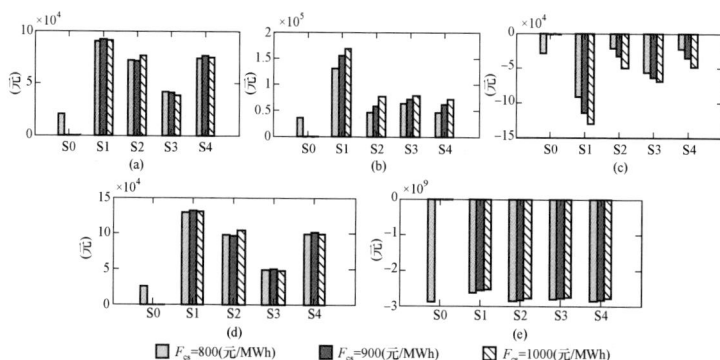

图 2-17 提高充电服务费的效应对比

(a) 电力供应商一天的收益;(b) 充电站一天的收益;(c) 用户一天的收益;
(d) 充电价格链一天的收益;(e) 充电站生命周期净收益

本 章 小 结

提出了一个系统动力模型来评价北京市电动汽车实时充电定价情景的经济和环境效益。该模型利用实时发电机组调度模块对不同情景下发电成本和温室气体排放量进行监测。由于不同用户对价格响应的不同,分别为公司和个人用户设置了两个充电功率弹性系数,以使模型更具实用性。此外,分别设置三种负荷转移率,以更真实地模拟用户对实时充电价格的响应。敏感性分析证明了该模型的鲁棒性并提高了实时充电定价的效应。根据模型结果分析可以得出以下结论:针对电动汽车现有的发展规模,可以采用结合政府补贴的基于峰谷分时电价的实时充电定价方法。随着电动汽车发展规模的扩大,用户环保意识的逐步提高,政府补贴应该逐步退出。只有当电动汽车数量足够多时,电动汽车才能实现电网负荷转移的效果,以及使充电运营商更具盈利能力。此外,还应鼓励可再生能源的接入以提高电动汽车节能减排的效果。

第3章
私人充电桩充电定价模型

公共充换电站随机多变的充换电需求不同，可以利用系统动力学模型来仿真实时充换电定价情景。但由于私人充电桩的用户主要是私人电动汽车用户，其用户的出行和充电在时段上具有一定的规律性，因此可以采用分时电价方法。由于减小电网负荷的峰谷差可以缓解供电企业高峰期的调峰压力、提高发电设备的利用率以及电动汽车节能减排效益。因此，本章设定电网负荷的峰谷差作为电价优化的目标，并利用目标规划模型来求解优化的峰谷分时充电价格。

3.1　电动私家车的充电定价影响因素

在私人充电汽车的充电定价过程中，本书考虑了电动私家车的充电概率、电动私家车用户的价格响应、私人充电桩的充电负荷预测、私人电动汽车的节能减排效应和电力系统经济利益等因素。同时根据电动私家车的充电概率和用户的价格响应预测私人充电桩的充电负荷。在考虑线路损耗和充电损耗的基础上，电动私家车负荷和常规负荷之和等于电网负荷。根据电网负荷和当地电源结构计算私人充电桩的环境和经济效应。

3.1.1　电动私家车的充电概率

本书将一天划分为 24h（t=0，1，2，…，23），并假设电动私家车用户返回小区即刻进行充电。其中［］表示取整的符号，根据电动私家车的数量和电动私家车的出行最后返回概率，则电动私家车每个时刻起始充电车辆数可以表示为

$$N_r(t) = \left[N \times f(t) \right] \qquad (3-1)$$

式中　$N_r(t)$ ——电动私家车每个时刻起始充电车辆数，辆；

　　　　N ——电动私家车的数量，辆；

　　　　$f(t)$ ——电动私家车的出行最后返回概率。

3.1.2　电动私家车用户的价格响应

用户价格响应公式由常方宇等（2016 年）的研究提供：峰谷、峰平和谷平价格差异的死区阈值（元/kWh）的差异意味着用户开始响应的峰谷、峰平和谷平价格差异，它们的值分别为 0.2、0.2 和 0.1；峰谷、峰平和谷平价格差异的饱和区域阈值（元/kWh）代表用户不再响应的峰谷、峰平和谷平价格差异，它们的值分别为 1.4、0.8 和 0.6；0.25、1 和 0.8 分别是峰谷、峰平和谷平时段中价格响应曲线线性区域的斜率；30%、60% 和 40% 是峰谷、峰平和谷平时段中用户转移百分比的饱和值。另外，本章考虑到现有充电价格对用户价格响应的影响，将其代入到式（3-2）～式（3-4）中。因此，常方宇等（2016 年）的研究中峰谷、峰平和谷平用户响应转移百分比的公式可以调整为

$$a_{pv}(t) = \begin{cases} 0, & P_p - P_v \leqslant 0.2 \\ 0.25 \times (P_p - P_v - 0.2) \times (P_0/P_v), & 0.2 < P_p - P_v \leqslant 1.4 \\ 30\% \times (P_0/P_v), & P_p - P_v > 1.4 \end{cases}$$

$$(3-2)$$

$$a_{pa}(t) = \begin{cases} 0, & P_p - P_a \leqslant 0.2 \\ (P_p - P_a - 0.2) \times (P_0/P_a), & 0.2 < P_p - P_a \leqslant 0.8 \\ 60\% \times (P_0/P_a), & P_p - P_a > 0.8 \end{cases}$$

$$（3-3）$$

$$a_{av}(t) = \begin{cases} 0, & P_a - P_v \leqslant 0.1 \\ 0.8 \times (P_a - P_v - 0.1) \times (P_0/P_v), & 0.1 < P_a - P_v \leqslant 0.6 \\ 40\% \times (P_0/P_v), & P_a - P_v > 0.6 \end{cases}$$

$$（3-4）$$

式中　$a_{pv}(t)$ ——峰谷用户响应转移百分比；

　　　　P_0 ——现有充电价格，元/kWh；

　　　　$a_{pa}(t)$ ——峰平用户响应转移百分比；

　　　　$a_{av}(t)$ ——谷平用户响应转移百分比；

　　　　P_p ——峰段充电价格，元/kWh；

　　　　P_a ——平段充电价格，元/kWh；

　　　　P_v ——谷段充电价格，元/kWh。

在用户响应峰谷分时充电价格后，各个时刻起始充电的电动私家车数量应满足非负整数的约束。因此，根据常方宇等（2016 年）的研究其计算公式可以调整为

$$N_{c0}(t) = \begin{cases} \left[N_r(t) - a_{pa} N_p/T_p - a_{pv} N_p/T_p \right], & v(t) = 1 \\ \left[N_r(t) + a_{pa} N_p/T_a - a_{av} N_a/T_a \right], & v(t) = 2 \\ \left[N_r(t) + a_{pv} N_p/T_v + a_{av} N_a/T_v \right], & v(t) = 3 \end{cases} （3-5）$$

$$N_c(t) = \begin{cases} N_{c0}(t), & N_{c0}(t) \geqslant 0 \\ 0, & N_{c0}(t) < 0 \end{cases} （3-6）$$

式中　$N_c(t)$ ——各个时刻起始充电的电动私家车数量，辆；

　　　　N_p ——峰段起始充电车辆之和，辆；

　　　　N_a ——平段起始充电车辆之和，辆；

　　　　$v(t)$ ——时段，1、2、3 分别表示峰段、平段和谷段时刻。

3.1.3　私人充电桩的充电负荷预测

本书假设私家车每日行驶里程是相同的，因此可以由私家车的年行驶里程计算所得。根据苏海锋等（2015 年）的研究，充电时间可以定义为

$$T_{c} = \frac{LM_{e}}{365 \times 100\,p} \qquad (3-7)$$

式中　T_{c}——充电时间，h；

　　　L——私家车每年的行驶里程，km；

　　　M_{e}——电动私家车百公里的耗电量，kWh；

　　　p——单个私人充电桩的充电功率，MW。

根据式（3-7），可知充电时间是 2h。因此，每个时刻私人充电桩的充电功率可表示为

$$p_{c}(t) = \begin{cases} \left[N_{c}(23) + N_{c}(0) \right] \times p, & t = 0 \\ \left[N_{c}(t-1) + N_{c}(t) \right] \times p, & t \neq 0 \end{cases} \qquad (3-8)$$

式中　$p_{c}(t)$——每个时刻私人充电桩的充电功率，MW。

考虑线损率，则各个时刻私人充电桩用电负荷计算如下

$$F_{e}(t) = p_{c}(t)/(1-\omega) \qquad (3-9)$$

式中　ω——线损率；

　　　$F_{e}(t)$——各个时刻私人充电桩用电负荷。

考虑电动私家车的充电损耗，电动汽车用户购电量可表示为

$$Q(t) = p_{c}(t) \times (1-\eta) \times 1 \qquad (3-10)$$

式中　$Q(t)$——电动汽车用户购电量，MWh；

　　　η——电动私家车的充电损耗率。

全网负荷如下

$$F(t) = F_e(t) + F_t(t) \quad\quad (3-11)$$

式中　$F(t)$ ——全网负荷，MW；

　　　$F_t(t)$ ——常规负荷，MW。

3.1.4　私人充电桩的节能减排效应

考虑到风电和水电的间歇性，本章引入 24h 风电利用率和水电发电保证率来确定其各个时刻风电和水电的有效装机容量。其计算公式如下

$$G_w(t) = G_w \times \alpha(t) \quad\quad (3-12)$$

$$G_h(t) = G_h \times \beta \qu\quad (3-13)$$

式中　$G_w(t)$ ——各个时刻风电有效装机容量，MW；

　　　G_w ——风力发电装机容量，t/MWh；

　　　$\alpha(t)$ ——风电利用率；

　　　$G_h(t)$ ——各个时刻水电有效装机容量，MW；

　　　G_h ——水力发电装机容量，t/MWh；

　　　β ——水电发电保证率。

假设煤电机组为峰荷机组。每度电平均煤耗可以定义为

$$s(t) = \begin{cases} 0, & F(t) \leqslant G_w(t) + G_h(t) + G_n \\ c \times \dfrac{[F(t) - G_w(t) - G_h(t) - G_n] \times 1}{F(t) \times 1}, & G_w(t) + G_h(t) + G_n < F(t) \end{cases}$$

$$(3-14)$$

$$S(t) = s(t) \times F_e(t) \times 1 \qu\quad (3-15)$$

式中　$s(t)$ ——每度电平均煤耗，t/MWh；

　　　c ——煤电每度电的煤耗，t/MWh；

　　　G_n ——核电装机容量，MW；

$S(t)$ ——电动私家车的煤耗量，t。

每度电二氧化碳排放量可定义为

$$e_e(t) = \begin{cases} \left[e_w F(t)\right]/\left[F(t)\times 1\right], & F(t) \leqslant G_w(t) \\ \left\{e_w G_w(t) + e_h\left[F(t)-G_w(t)\right]\right\}/ & G_w(t) < F(t) \leqslant \\ \left[F(t)\times 1\right], & \left[G_w(t)+G_h(t)\right] \\ \dfrac{e_w G_w(t)+e_h G_h(t)+e_n}{\left[F(t)-G_w(t)-G_h(t)\right]}{F(t)\times 1}, & \left[G_w(t)+G_h(t)\right] < F(t) \\ & \leqslant \left[G_w(t)+G_h(t)+G_n\right] \\ \dfrac{e_w G_w(t)+e_h G_h(t)+e_n G_n+e_c}{\left[F(t)-G_w(t)-G_h(t)-G_n\right]}{F(t)\times 1}, & \left[G_w(t)+G_h(t)+G_n\right] < F(t) \end{cases}$$

$$(3-16)$$

其中　$e_e(t)$ ——每度电二氧化碳排放量，t/MWh；

e_w ——风电二氧化碳排放量，t/MWh；

e_h ——水电二氧化碳排放量，t/MWh；

e_n ——核电二氧化碳排放量，t/MWh；

e_c ——煤电二氧化碳排放量，t/MWh。

电动私家车的二氧化碳排放量计算如下

$$E_e(t) = e_e(t)\times F_e(t)\times 1 \qquad (3-17)$$

式中　$E_e(t)$ ——电动私家车二氧化碳排放量，t。

燃油汽车的二氧化碳排放量可定义为

$$E_g(t) = \frac{Q(t)\times 1000}{M_e}\times W_g \times e_g \qquad (3-18)$$

式中　$E_g(t)$ ——燃油汽车二氧化碳排放量，t；

W_g ——百公里燃油汽车汽油消耗量，L；

e_g ——汽油二氧化碳排放量，t/L。

3.1.5　电力系统的经济效益

发电厂将风能、水能、核能和热能转化生成电力，然后由电网将电力传输给私人充电桩为电动私家车充电。因此，可将发电厂和电网视为一个整合的系统，并计算电力系统向电动私家车用户供电的经济效益。每度电发电成本的公式可表示为

$$C(t)=\begin{cases} \left[C_{\mathrm{w}}\times F(t)\right]/\left[F(t)\times 1\right], & F(t)\leqslant G_{\mathrm{w}}(t) \\[2mm] \dfrac{C_{\mathrm{w}}\times G_{\mathrm{w}}(t)+C_{\mathrm{h}}\times\left[F(t)-G_{\mathrm{w}}(t)\right]}{\left[F(t)\times 1\right]}, & \begin{array}{l}G_{\mathrm{w}}(t)<F(t)\leqslant \\ \left[G_{\mathrm{w}}(t)+G_{\mathrm{h}}(t)\right]\end{array} \\[4mm] \dfrac{\begin{array}{l}C_{\mathrm{w}}\times G_{\mathrm{w}}(t)+C_{\mathrm{h}}\times G_{\mathrm{h}}(t)+ \\ C_{\mathrm{n}}\times\left[F(t)-G_{\mathrm{w}}(t)-G_{\mathrm{h}}(t)\right]\end{array}}{\left[F(t)\times 1\right]}, & \begin{array}{l}\left[G_{\mathrm{w}}(t)+G_{\mathrm{h}}(t)\right]<F(t) \\ \leqslant\left[G_{\mathrm{w}}(t)+G_{\mathrm{h}}(t)+G_{n}\right]\end{array} \\[4mm] \dfrac{\begin{array}{l}C_{\mathrm{w}}\times G_{\mathrm{w}}(t)+C_{\mathrm{h}}\times G_{\mathrm{h}}(t)+C_{\mathrm{n}}\times G_{\mathrm{n}} \\ +C_{\mathrm{c}}\times\left[F(t)-G_{\mathrm{w}}(t)-G_{\mathrm{h}}(t)-G_{\mathrm{n}}\right]\end{array}}{\left[F(t)\times 1\right]}, & \left[G_{\mathrm{w}}(t)+G_{\mathrm{h}}(t)+G_{\mathrm{n}}\right]<F(t) \end{cases}$$

$$（3-19）$$

式中　$C(t)$ ——每度电发电成本，元/MWh；

　　　C_{w} ——风电每度电发电成本，元/MWh；

　　　C_{h} ——风电每度电发电成本，元/MWh；

　　　C_{n} ——核电每度电发电成本，元/MWh；

　　　C_{c} ——煤电每度电发电成本，元/MWh。

电力系统向电动私家车用户供电的净收入的计算公式如下

$$I(t)=\begin{cases} P_{\mathrm{p}}\times 1000\times Q(t)-C(t)\times F_{\mathrm{e}}(t)\times 1, & v(t)=1 \\ P_{\mathrm{a}}\times 1000\times Q(t)-C(t)\times F_{\mathrm{e}}(t)\times 1, & v(t)=2 \\ P_{\mathrm{v}}\times 1000\times Q(t)-C(t)\times F_{\mathrm{e}}(t)\times 1, & v(t)=3 \end{cases}$$

$$（3-20）$$

式中　$I(t)$——电力系统向电动私家车用户供电的净收入，元。

3.2　私人充电桩的充电定价模型构建

充电定价模型的目标是通过优化，要得到一个适用于私人充电桩的峰谷分时充电价格，该充电价格能最大限度地减小电网负荷峰谷差，同时实现电动私家车更好的环境和经济效益。因此，本书利用目标规划模型来优化私人充电桩的峰谷分时充电价格。

3.2.1　模型约束

（1）价格约束。充电价格从低到高的顺序应该是谷段电价、平段电价和峰段电价，此外充电价格应该在其允许的范围变动内

$$P_{\text{low}} \leqslant P_{\text{v}} < P_{\text{a}} < P_{\text{p}} \leqslant P_{\text{up}} \qquad （3-21）$$

式中　P_{low}——充电价格下限，元/kWh；

　　　P_{up}——充电价格上限，元/kWh。

（2）电动私家车能源效率约束。电动私家车的煤炭消耗量不应高于其初始煤炭消耗量

$$\sum_{t=0}^{23} S_0(t) - \sum_{t=0}^{23} S(t) \geqslant 0 \qquad （3-22）$$

式中　$S_0(t)$——电动私家车初始煤炭消耗量，t；

　　　$S(t)$——电动私家车的煤炭消耗量，t。

（3）电动私家车减排效应约束。电动汽车减排量不能低于其初始减排量，即燃油汽车排放量与电动汽车排放量的差值不低于燃油汽车初始排放量与电动汽车初始排放量的差值

$$\sum_{t=0}^{23}\left[E_g(t)-E_e(t)\right]-\sum_{t=0}^{23}\left[E_{g0}(t)-E_{e0}(t)\right]\geqslant 0 \quad （3-23）$$

式中　$E_g(t)$——燃油汽车排放量，t；

　　　$E_e(t)$——电动汽车排放量，t；

　　　$E_{g0}(t)$——燃油汽车初始排放量，t；

　　　$E_{e0}(t)$——电动汽车初始排放量，t。

（4）电力系统售电经济约束。电力系统向电动私家车用户售电的净收入不能低于其初始净收入

$$\sum_{t=0}^{23}I(t)-\sum_{t=0}^{23}I_0(t)\geqslant 0 \quad （3-24）$$

（5）负荷峰谷差约束。地区全网负荷的峰谷差不应高于其初始值

$$\left\{\max\left[F_0(t)\right]-\min\left[F_0(t)\right]\right\}-\left\{\max\left[F(t)\right]-\min\left[F(t)\right]\right\}\geqslant 0$$
$$（3-25）$$

3.2.2　优化目标

最小化地区全网负荷峰谷差
$$\min Z=\max\left[F(t)\right]-\min\left[F(t)\right] \quad （3-26）$$
式中　Z——地区全网负荷峰谷差，MW。

3.2.3　模型设计流程图

充电定价模型的设计流程如图 3-1 所示，根据电动私家车充电规律、用户价格响应以及电源结构计算发电侧煤耗、电动私家车减排量和电力系统售电净收入，并在满足充电价格、电动私家车能源效率、电动私家车减排效应、电力系统经济效益和电网负荷峰谷差各项约束前提下，求解使全网负荷峰谷差最小的峰谷分时电价。

以1h为间隔，将一天分为24个时间段(t=0,1,2,…,23)

根据电动私家车的出行最后返回概率[$i(t)$]以及电动私家车的数量(N)电动私家车每个时刻出行最后返回车辆数[$N_t(t)$][式(3-1)]

根据$N_t(t)$、峰段电价(P_p)、平段(P_a)电价、谷段电价(P_v)以及用户价格响应公式[式(3-2)~式(3-4)]模拟下用户充电转移并生成新的每个时段起始充电车辆数[$N_c(t)$][式(3-5)、式(3-6)]

由单个私人充电桩的充电功率(p)、电动私家车百公里耗电量(W_c)、私家车年行驶里程(L)确定充电时间[(T_c)][式(3-7)]

根据$N_c(t)$、p和T_c生成每个时段私人充电桩的充电功率[$p_c(t)$][式(3-8)]

根据$p_c(t)$和线损率(ω)生成每个时段私人充电桩用电负荷[$F_c(t)$][式(3-9)]

根据$F_c(t)$和常规负荷[Ft]生成每个时段北京市电网负荷[$F(t)$][式(3-11)]

根据$p_c(t)$和充电损耗率(η)生成每个时段电动汽车的购电量[$Q(t)$][式(3-10)]

通过风电装机容量(G_w, MW)、水电装机容量(G_h, MW)以及它们的利用率[$\alpha(t)$和β]来计算风电和水电的有效装机容量[$G_w(t)$和$G_h(t)$, MW][式(3-12)和式(3-13)]

根据$Q(t)$、W_c、燃油汽车百公里耗电量、汽油消耗量(W_g)和汽油二氧化碳排放量(e_g)生成每个时段燃油汽车二氧化碳排放量[$E_g(t)$][式(3-18)]

根据$Q(t)$、P_p、P_a、P_v和$C(t)$生成每个时段电力系统售电净收入[$I(t)$][式(3-20)]

根据$F(t)$、G_w、G_h、核电装机容量(G_n,WM)、煤电装机容量(G_c,WM)以及煤电每度电煤耗(c, t/MWh)生产每度电煤耗量[$s(t)$][式(3-14)]

每度电二氧化碳排放量[$e_c(t)$]由$F(t)$、$G_w(t)$、$G_h(t)$、G_n、风电、水电、核电和煤电每度电二氧化碳排放量[e_w、e_h、e_c和e_c,t/MWh]计算所得[式(3-16)]

每度电发电成本[$C(t)$]由$F(t)$、$G_w(t)$、$G_h(t)$、G_n、风电每度电发电成本(C_w, 元/MWh)、水电每度电发电成本(C_h, 元/MWh)、核电每度电发电成本(C_n, 元/MWh)和煤电每度电发电成本(C_c, 元/MWh)生成[式(3-19)]

约束条件

充电价格约束[式(3-21)]

电动私家车减排效应约束[式(3-23)]

电力系统经济效益约束[式(3-24)]

电动私家车能源效率约束[式(3-22)]

电网负荷峰谷差约束[式(3-25)]

电动私家车煤耗量[$S(t)$]由$F_c(t)$和$s(t)$计算所得[式(3-15)]

电动私家车二氧化碳排放量[$E_c(t)$]通过$F_c(t)$和$e_c(t)$计算所得[式(3-17)]

目标函数

最小化电网负荷的峰谷差(Z)[式(3-26)]

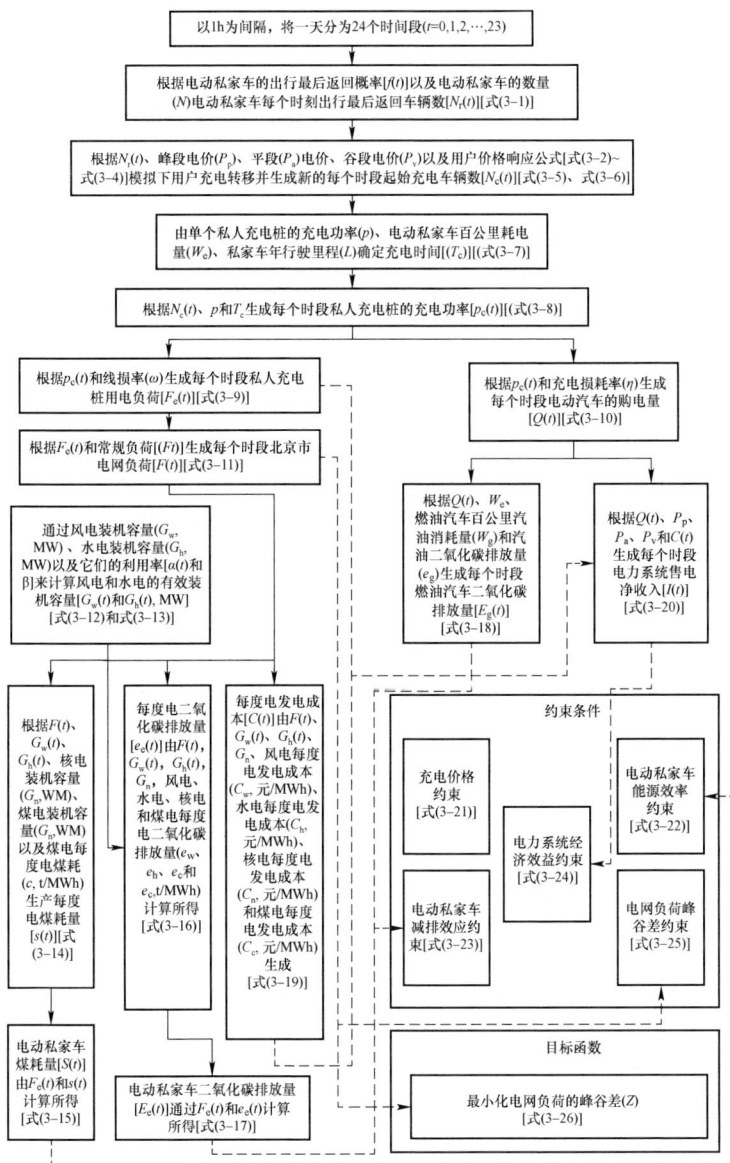

图 3-1 充电定价模型的设计流程图

3.3　系数设置与结果分析

以北京为算例，使用了北汽 EV200 和北京现代伊兰特的能耗和二氧化碳排放系数。

3.3.1　模型系数的设置

根据美国交通部对美国家用车辆的调查数据，苏海锋等（2015年）采用最大似然估计法将电动私家车的出行最后返回时间近似为正态分布。本书将苏海锋等（2015 年）研究中电动私家车出行最后返回时间的概率密度分布函数转化为将一天 24 个时段相应的分段函数，并通过 MATLAB 软件利用矩形法将分段函数进行整合，计算出每个时刻电动私家车的最后返回概率 $\left[F(t)\right]$，计算结果如表 3－1 所示。

表 3－1　　　　电动私家车出行最后返回概率

时刻	概率	时刻	概率	时刻	概率
0	0.015 1	8	0.003 3	16	0.111 0
1	0.008 0	9	0.007 0	17	0.116 9
2	0.003 9	10	0.013 4	18	0.112 9
3	0.001 7	11	0.023 7	19	0.100 1
4	0.000 7	12	0.038 3	20	0.081 5
5	0.000 3	13	0.056 8	21	0.060 8
6	0.000 6	14	0.077 4	22	0.041 7
7	0.001 5	15	0.098 7	23	0.026 2

根据《关于印发北京市电动汽车充电基础设施专项规划（2016—2020 年）》，北京计划 2020 年之前完成 36 万个私人充电

桩的建设，基本实现为每个电动私家车配备一个私人充电桩。因此，电动私家车的总数假设为 36 万辆。目前，北京私人充电桩（P_0）的充电价格为 0.473 3 元/kWh。根据苏海峰等（2015 年）研究，单个私人充电桩（p）的充电功率为 0.002 5MW。根据常方宇等（2016年）提供的数据，BAIC EV200 百公里电耗量（M）为 15kWh。根据《2016 年北京市交通发展年度报告》，私家车每年的行驶里程（L）为 12 566km。根据《2014 中国统计年鉴》和太阳能电动汽车网，线损率（ω）和充电损耗率（η）分别为 6.68% 和 17%。根据作者调研，北京的常规负荷和电源结构如表 3-2 和表 3-3 所示。从表中可以看出，高峰负荷集中在 10~18 点之间，而表 3-2 显示谷段负荷则是分布在 23~7 点之间。表 3-3 显示煤电是提供电动私家车充电的主要电源。与其他发电技术不同的是，煤电产生更多的二氧化碳排放量。这意味着使用更多的煤电将会导致电动私家车产生更多的二氧化碳排放。表 3-4 中 24h 风电利用率为宋艺航（2014 年）提供。根据表 3-3 可知水电装机容量占全部电力装机容量的比例为21.05%。因此，水力发电的利用率应该是 80%~90%。本书利用中间值 85% 来估算水力发电的利用率，并假设利用煤电来调节电网的峰荷。这就是说，当其他电力不足以满足电网电力需求时，煤电的发电量有可能超过 10 000MW。

表 3-2　　　　　北 京 电 网 常 规 负 荷

时刻	负荷（MW）	时刻	负荷（MW）	时刻	负荷（MW）
0	9962.86	8	14 914.15	16	17 118.31
1	9369.53	9	16 413.02	17	16 306.82
2	8919.59	10	17 297.23	18	15 813.80
3	8643.24	11	17 366.19	19	16 056.32
4	8567.24	12	17 322.84	20	16 239.37
5	9066.06	13	17 228.38	21	15 380.58
6	10 450.95	14	17 261.56	22	13 709.11
7	12 571.51	15	17 316.02	23	11 860.02

表 3-3　　　　　　北 京 电 网 电 源 结 构

	风电	水电	核电	煤电
装机容量（MW）	2000	4000	3000	10 000
每度电发电成本（元/MWh）	248 [a]	120 [b]	80 [b]	270 [b]
每度电二氧化碳排放量（t/MWh）	0.298 [c]	0.173 3 [d]	0.006 75 [d]	0.862 52 [d]

数据来源：a《基于生命周期的风电场碳排放核算》21 世纪可再生能源政策网；
　　　　　 b《实时电价下插电式混合动力汽车智能集中充电策略》（邹文等，2011 年）；
　　　　　 c《基于情景分析的发电侧碳排放生命周期计量研究》（戴时雨等，2016 年）；
　　　　　 d《基于情景分析的发电侧碳排放生命周期计量研究》（夏德建，2010 年）。

表 3-4　　　　　　　风 电 的 利 用 率

时刻	利用率	时刻	利用率	时刻	利用率
0	0.41	8	0.22	16	0.29
1	0.59	9	0.15	17	0.25
2	0.71	10	0.09	18	0.18
3	0.84	11	0.22	19	0.16
4	0.69	12	0.23	20	0.18
5	0.57	13	0.16	21	0.29
6	0.49	14	0.28	22	0.36
7	0.41	15	0.35	23	0.46

　　根据《节能发电调度办法》可知，各发电技术发电顺序为风电、水电、核电和煤电。根据中国时报，煤电每度电的煤耗为 4.47t/MWh。根据张兴平等（2016 年）的研究，每升汽油的二氧化碳排放量为 0.002 135t/L。根据常方宇等（2016 年）提供的数据，北京现代伊兰特百公里汽油消耗量为 9L，充电价格上限为 3.576 元/kWh，充电价格下限为 0.396 元/kWh。由于现有充电价格为 0.473 3 元/kWh，用户可接受的最高充电价格为 3.576 元/kWh，可以判断还有存在较多的消费者剩余。因此，利用现有充电价格和用户可接受最高充电价格之间的区间，采用峰谷分时充电价格来引导电动私家车用户有序充电，提高电动私家车节能减排效益和改善私人充电桩运营商收益是可行的。

3.3.2　结果分析

为了有效地实现电动私家车的负荷转移效果，根据北京电网峰、平和谷段负荷的分布时间，将 24h 划分为表 3−5 中的峰、平和谷三个时段。根据第 3 节的充电定价模型可知，优化后的峰谷分时充电价格是为了最小化电网负荷的峰谷差，如表 3−5 所示。从表中可以看出，峰谷分时充电价格峰段电价比平段电价的两倍和谷段电价的 4 倍还要高，此外谷段电价低于现行充电价格 0.473 3 元/kWh。

表 3−5　　　　　　　　优化峰谷分时充电价格

时间	时段划分	价格（元/kWh）
峰段	10:00—18:00	1.8
平段	7:00—10:00 和 18:00—23:00	1
谷段	23:00—7:00	0.4

图 3−2 为私人充电桩优化后的负荷与其初始负荷的对比，黑色部分表示优化后私人充电桩增加的负荷，而白色部分则表示减少的负荷。从图中可以看出，私人充电桩的充电负荷分别从峰段和平段转移到了谷段。由于表 3−5 中的较低的谷充电价格，私人充电桩的充电负荷在平段 8 点和 9 点分别降至 0MW 和 1.78MW，而在峰段 10 点、11 点和 12 点分别减少到 1.78、0MW 和 0MW。峰期和谷期之间的价格差异远大于平期和谷期之间的价格差异。因此，从 10～18 点的私人充电桩充电负荷的减少量要比 7～10 点以及 18～23 点的多一些。除了死区阈值和饱和区阈值之外，式（3−2）～式（3−4）中用户价格响应的确定还和价格响应曲线线性区域斜率、用户转移百分比的饱和值以及与现有充电价格相关。

这意味着只有较大的价格差异才能导致更多用户愿意改变其充电行为。因此，17～21点之间私人充电桩充电负荷虽然减少了当仍然比较高。

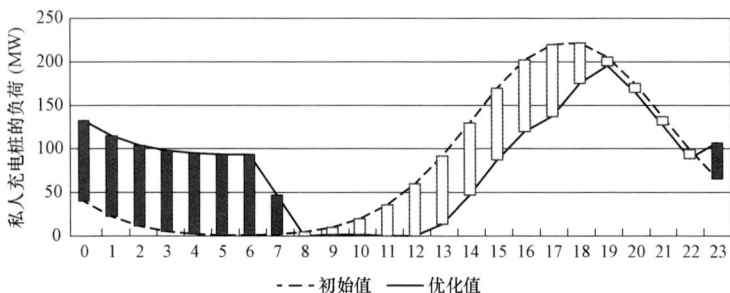

图 3-2　私人充电桩负荷

从图3-3可以看出，谷段的每度电煤耗非常低，尤其在0～6点之间的每度电煤耗远小于1.5t/MWh。然而峰段和平段的每度电煤耗却特别高，尤其是9～20点之间，均高于2.5t/MWh。由图3-2可知，私人充电桩负荷在谷段期间增加在峰段和平段期间减少，但从图3-3中可以判断谷段电动私家车煤耗增加的面积远低于峰期和平段期间电动私家车煤耗减少的面积。因此也说明了图3-3中电动私家车的总煤耗量下降的原因。

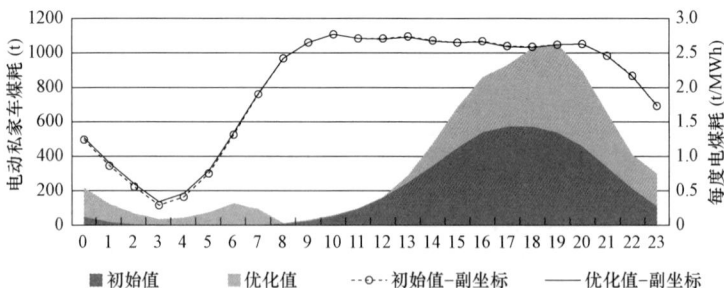

图 3-3　电动私家车的煤耗

图 3-4 显示谷段期间每度电二氧化碳排放量低于 0.35t/MWh，而峰段期间每度电二氧化碳排放量远高于 0.55t/MWh。由于峰谷分时充电价格的刺激，一些用户将充电计划从平段和峰段转移到图 3-2 中的谷段。与图 3-3 中电动私家车的煤耗一样，由于电动私家车在谷段期间二氧化碳排放量增量远低于峰段期间和平段期间二氧化碳减排量。此外，较低的谷段电价能够鼓励用户积极使用电动私家车并在谷段期间进行更多的充电，并且使得私人充电桩的优化充电功率增长并超过了初始值。由于电动私家车行驶里程增加，根据式（3-10）和式（3-18）可知燃油汽车二氧化碳排放量也相应增加，通过图 3-4 可以观察到。充电定价模型的优化结果如图 3-5 所示，电动私家车的二氧化碳排放量减少而燃油汽车的二氧化碳排放量增加从而导致电动私家车的二氧化碳减排量增加。

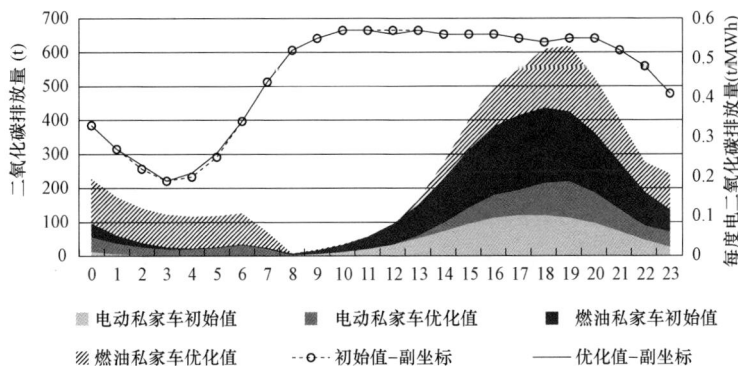

图 3-4　电动私家车和燃油汽车的二氧化碳排放量

图 3-5 显示了电网负荷峰谷差、电动私家车煤耗，二氧化碳减排量以及电力系统净收入的初始值和优化值。优化后电网负荷的峰谷差达到最小值 8741.15MW，相对初始电网负荷峰谷差减小了 2%。电动私家车发电侧煤耗减少了 20%。发电侧二氧化碳减

排量增加了 28%。电力系统向电动私家车用户售电的净收入提高了两倍以上。结合图 3-3~图 3-5 可知，减小电网负荷峰谷差有利于减少电动私家车在发电侧的煤耗和二氧化碳排放量。

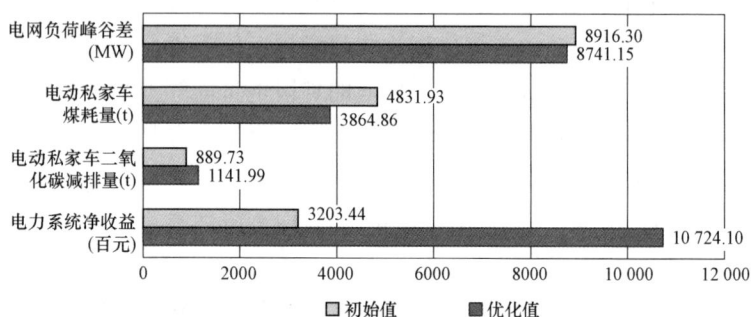

图 3-5　充电定价模型的优化结果

　　本章提出的私人充电桩充电定价模型的目标是最小化电网负荷峰谷差，因此需要对电动私家车规模发展情景下峰谷分时电价的负荷转移效果进行分析。

3.3.3　敏感性分析

　　北京的私家车的总数为 452.3 万辆（Joram H.M.Langbroek 等，2017 年），是电动私家车数量的 12 倍。因此本章将电动私家车的数量从 1 倍放大到 12 倍来分析电动私家车充电对电网负荷峰谷差的影响。峰谷差减小率为峰谷差减小值与初始峰谷差的比例，可以表示为

$$r = \frac{\left\{\max\left[F_0(t)\right] - \min\left[F_0(t)\right]\right\} - \left\{\max\left[F(t)\right] - \min\left[F(t)\right]\right\}}{\max\left[F_0(t)\right] - \min\left[F_0(t)\right]}$$

$$(3-27)$$

式中　r——峰谷差减小率。

图 3-6 显示随着电动私家车数量的增加，电网峰谷差减小率的值也随之增大，这意味着优化的峰谷分时充电价格可以有效地实现电动私家车充电负荷转移效果。此外，随着电动私家车数量的增加，峰谷分时充电价格负荷转移的效果也愈加明显。当北京所有的私家车都替换成电动汽车时，北京电网峰谷差减小率将达到 20%。

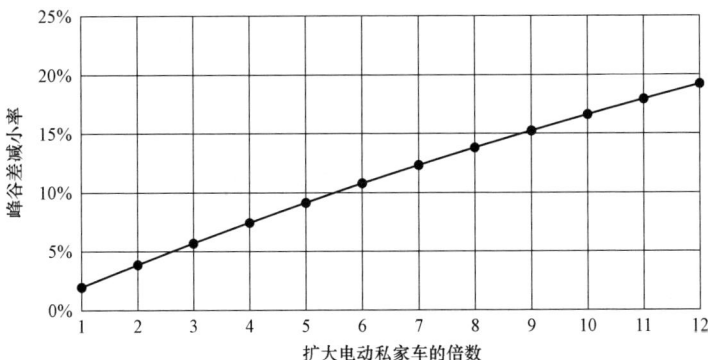

图 3-6　扩大电动私家车数量的峰谷差减少率

图 3-7 显示了将电动私家车数量扩大 10 倍后的电网负荷。届时，电动车的数量将占私家车总量的 80%。初始场景（S0）指最初的电动私家车数量 36 万辆（P.Finn 等，2012 年）。扩大电动私家的倍数将提高电网负荷的峰值，同时也增加了电网负荷的峰谷差。从图 3-7 中可以看出，S0 中电动私家车的负荷转移效果并不明显。然而，通过优化的峰谷分时充电价格在电动私家车数量扩大的情况下却能表现出更好的负荷转移效果，降低 16.6% 的电网负荷峰谷差。这意味着随着电动私家车数量的扩大，本章所提出的峰谷分时充电价格可以有效地实现电动私家车的负荷转移功能。

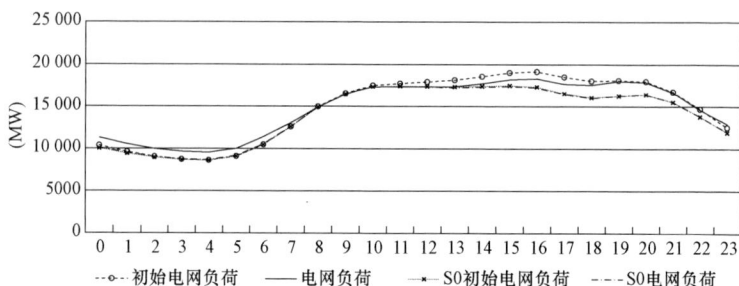

图 3-7　扩大 10 倍的电动私家车的电网负荷

本 章 小 结

为最小化电网负荷的峰谷差，本书提出了包括充电定价范围限制、电动私家车能源效率、电动私家车减排效应、电力系统经济效益和电网负荷峰谷差的五个约束条件下私人充电桩的峰谷分时充电定价模型。该模型通过分析影响充电定价的各项因素、模拟电动私家车的充电负荷和用户的价格响应，以确定电动私家车在发电侧的煤耗和二氧化碳减排量以及电力系统的售电净收入。根据 2020 年北京市私人充电桩的建设数和私人充电桩的充电概率来预测私人充电桩的充电负荷。分析结果表明，优化后的峰谷分时充电价格还可以减少发电侧 20% 的煤耗量，同时增加电动私家车 28% 的减排量。除此之外，它还能提高 2 倍以上电力系统向电动私家车的售电净收入。优化后的峰谷分时充电价格可以最小化电网负荷的峰谷差。而且，随着电动私家车数量的增加，优化峰谷分时充电价格的负荷转移效果将愈加明显。当电动私家车总数占私家车辆总数的比例达到 80%时，提出的峰谷分时充电价格可以降低电网负荷峰谷差的 16.6%。因此，优化后的峰谷分时充电价格有利于政府推动电动汽车的大规模发展。建议北京市峰段、谷段和平段充电价格可设置为从 10～17 点 1.8 元/kWh、23～次日 6 点 0.4 元/kWh、其余时间段 1 元/kWh。

第4章
换电站投资运营模型

相比日益普及的充电模式而言，换电模式还处于试验阶段。由于换电站建设成本高不利于推广，因此本章通过构建换电站投资运营模型，研究影响其投资及运营的各项因素，寻求可以改善换电站投资运营商收益的策略以帮助换电模式的推广。

4.1　换电站投资运营模型构建

换电站投资运营模型包括电池管理、负荷监测、能源供应、投资运营和生命周期分析这五个模块，并将一天划分为 24h（$t = 0, 1, 2, \cdots, 23$）来研究不同充充电策略情景下换电站的综合效应。

4.1.1　电池管理模块

电池管理模块模拟换电站电池的交换和充电安排。假设每个换电站的换电需求分布均相同，则单个换电站日服务车辆数可由电动出租车数量和换电站数量计算所得。单个换电站中换电电动出租车的数量则由单个换电站日服务车辆数和电动出租车换电频率确定；每个电动出租车配置一套四个电池。因此，初始交换电池的数量是单个换电站中换电电动出租车的数量的四倍。

该模块的公式如下

$$N_{st} = \text{INT}(N_T / N_B) \qquad (4-1)$$

$$N_t(t) = \text{INT}(N_{st} \times f_s(t)) \qquad (4-2)$$

$$N_{b0}(t) = N_t(t) \times 4 \qquad (4-3)$$

式中　N_{st}——单个换电站日服务车辆数，辆；

N_T——电动出租车数量，辆；

N_B——换电站数量，个；

$N_t(t)$——单个换电站中换电电动出租车的数量，辆；

$f_s(t)$——电动出租车换电频率；

$N_{b0}(t)$——初始交换电池的数量，个。

图 4-1 为该模块的存量流量图。

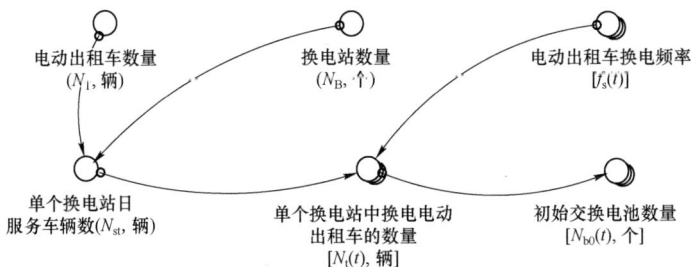

图 4-1　电池管理模块存量流量图

换电站电池的三种充电策略如图 4-2 所示。其中备用电池数量和充电站数量由投资运营模块提供。假设换电站运营第一天所有备用电池都是充满电的。这就意味着换电站开始运营前一天 23 点换电后满充电池的初始数量等于备用电池数量的值，22 点新充电池的初始数量、22 点没有充电的空电池初始数量以及 23 点充电电池初始数量都为 0。换电站一次只能为一个电池充电。根据调查，充电机需要花两小时才能将电池充满电。t 时刻交换电池的数量不应该超过该时刻满充电池的数量，而该时刻满充电池数量等于 $t-1$ 时刻换电后满充电池数量加上 $t-2$ 时刻新充电池数量的和。确定交换电池的数量后，可以计算出 t 时刻换电后满充电池数量以及 t 时刻换电后空电池数量。

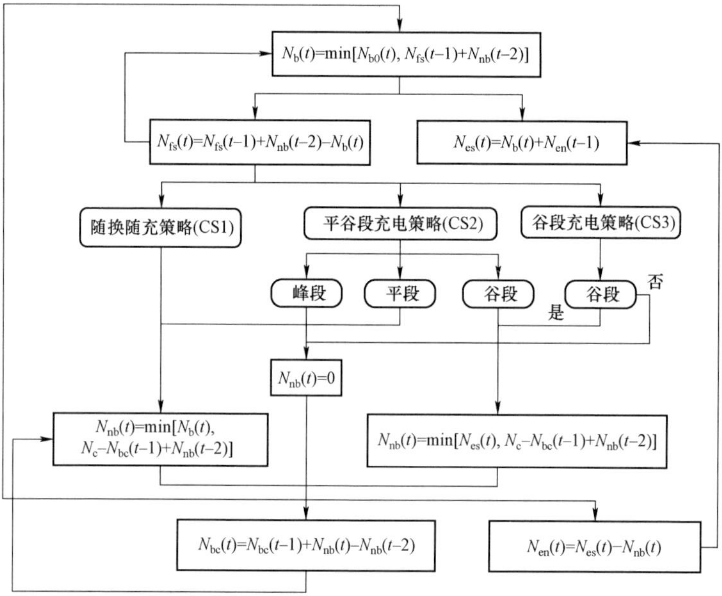

图 4-2　换电站电池交换和充电安排流程图

图中，$N_b(t)$ ——t 时刻交换电池的数量，个；

　　　$N_{fs}(t)$ ——t 时刻换电后满充电池数量，个；

　　　$N_{nb}(t)$ ——t 时刻新充电池数量，个；

　　　$N_{fs}(t)$ ——t 时刻换电后满充电池数量，个；

　　　$N_{es}(t)$ ——t 时刻换电后空电池数量，个；

　　　$N_{en}(t)$ ——t 时刻没有充电的空电池数量，个；

　　　　N_c ——单个换电站充电机数量，个；

$N_{bc}(t)$——t 时刻充电电池数量，个；

$N_{fs0}(t)$——换电站开始运营前一天 t 时刻换电后满充电池的初始数量，个；

N_{rb}——备用电池数量，个；

$N_{nb0}(t)$——t 时刻新充电池的初始数量，个；

$N_{en0}(t)$——t 时刻没有充电的空电池初始数量，个；

$N_{bc0}(t)$——t 时刻充电电池初始数量，个；

$N_{bc0}(t)$——t 时刻充电电池初始数量，个。

t 时刻新充电电池的数量［$N_{nb}(t)$］根据充电策略和峰谷分时电价的时段来确定的。① 随换随充策略（CS1）：换电站不考虑时段的因素仅为交换电池充电。② 平谷段充电策略（CS2）：换电站谷段期间（T_v）为所有空电池充电，平段期间（T_a）仅为交换电池充电，峰段期间（T_p）不安排电池的充电。③ 谷段充电策略（CS3）：换电站在谷段期间为所有空电池进行充电，峰段和平段不安排电池的充电。$N_{nb}(t)$不应该超过空闲充电机数量，空闲充电机的数量等丁充电机的数量（N_c）减去 $t-1$ 时刻充电电池数量［$N_{bc}(t-1)$］再加上 $t-2$ 时刻新充电池数量［$N_{nb}(t-2)$］。基于以上计算，可以得到 t 时刻充电电池数量［$N_{bc}(t)$］以及 $t-1$ 时刻没有充电的空电池数量［$N_{en}(t)$］。存储 $N_{fs}(t)$、$N_{en}(t)$、$N_{nb}(t)$和 $N_{bc}(t)$ 的值用于下一时刻的计算。式（4-4）计算的换电满意度，用来测试换电站是否能满足电动出租车司机的换电需求。

$$s = \text{SUM}[N_b(t)]/\text{SUM}[N_{b0}(t)] \qquad (4-4)$$

式中　s——换电满意度。

4.1.2　负荷监测模块

负荷监测模块在考虑充电损耗和线损的基础上计算电动出租

83

车耗电量以及监测换电站负荷对电网负荷的影响。单个换电站中充电机的充电功率根据单个充电机充电功率以及电池管理模块中充电电池的数量来确定 [式（4-5）]。电动出租车的耗电量根据单个换电站中充电机的充电功率、充电损耗率以及换电站数量来确定 [式（4-6）]。式（4-7）用来计算一天内电动出租车的耗电量。换电站的负荷根据单个换电站中充电机的充电功率、单个换电站的自用电以及换电站数量来确定 [式（4-8）]。式（4-9）计算换电站的耗电量。式（4-10）结合线损率得出含线损的换电站负荷。式（4-11）计算含线损的换电站耗电量。式（4-12）将含线损换电站负荷与常规负荷叠加得到电网负荷。式（4-13）用来计算电网的耗电量。式（4-14）和式（4-15）分别计算常规负荷峰谷差以及电网负荷峰谷差。

该模块的公式如下所示

$$P_c(t) = p_c \times N_{bc}(t) \tag{4-5}$$

$$Q_t(t) = P_c(t) \times (1-S) \times 1 \times N_B \tag{4-6}$$

$$Q_{ts} = \mathrm{SUM}\big(Q_t(t)\big) \tag{4-7}$$

$$F_b(t) = \big[P_c(t) + P_s\big] \times N_B \tag{4-8}$$

$$Q_b(t) = F_b(t) \times 1 \tag{4-9}$$

$$F_b'(t) = \frac{F_b(t)}{1-\omega} \tag{4-10}$$

$$Q_b'(t) = F_b'(t) \times 1 \tag{4-11}$$

$$F(t) = F_b'(t) + F_t(t) \tag{4-12}$$

$$Q(t) = F(t) \times 1 \tag{4-13}$$

$$D_t = \max\big[F_t(t)\big] - \min\big[F_t(t)\big] \tag{4-14}$$

$$D = \max\big[F(t)\big] - \min\big[F(t)\big] \tag{4-15}$$

式中　$P_c(t)$——单个换电站中充电机的充电功率，MW；

　　　p_c——单个充电机充电功率，MW；

　　　$Q_t(t)$——电动出租车的耗电量，MWh；

　　　S——充电损耗率；

　　　Q_{ts}——一天内电动出租车的耗电量，MWh；

　　　$F_b(t)$——换电站的负荷，MW；

　　　P_s——单个换电站的自用电，MW；

　　　$Q_b(t)$——换电站的耗电量，MWh；

　　　$F'_b(t)$——含线损的换电站负荷，MW；

　　　ω——线损率；

　　　$Q_b'(t)$——含线损的换电站耗电量，MWh；

　　　$F(t)$——电网负荷，MW；

　　　$F_t(t)$——常规负荷，MW；

　　　$Q(t)$——电网的耗电量，MWh；

　　　D_t——常规负荷峰谷差，MW；

　　　D——电网负荷峰谷差，MW。

负荷监测模块的存量流量如图 4-3 所示。

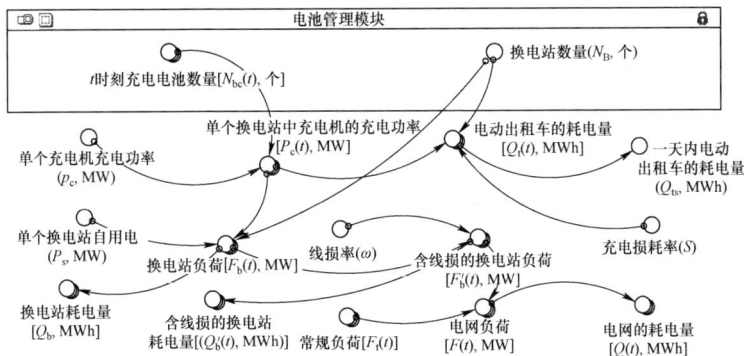

图 4-3　负荷监测模块存量流量图

85

4.1.3 能源供应模块

能源供应模块模拟电力系统根据电网负荷对各发电机组进行实时调度，并计算发电侧煤耗、铀耗以及二氧化碳排放量。根据《节能发电调度办法》，发电机的发电顺序为风电、水电、核电和煤电。能源供应模块根据风电、水电、核电和煤电装机容量以及负荷监测模块中的电网耗电量来计算核电的发电量以及煤电的发电量［式（4-16）和式（4-17）］。与风电、水电和核电不同的是，煤电在发电过程中会产生二氧化碳。因此，每度电二氧化碳排放量通过煤电每度电二氧化碳排放量、煤电的发电量和电网的耗电量计算所得［式（4-18）］。一天内燃油汽车的汽油消耗量通过一天内电动出租车的耗电量、电动出租车每公里耗电量以及燃油汽车每公里消耗量计算所得［式（4-19）］。二氧化碳减排量是燃油汽车二氧化碳排量与电动汽车二氧化碳排量的差值［式（4-20）］，其中 e_g 是以 t/L 为单位的每升汽油二氧化碳排放量。每度电铀耗量根据核电每度电铀耗量、煤电的发电量和电网的耗电量计算所得［式（4-21）］。每度电原煤消耗量与煤电每度电原煤消耗量、煤电的发电量和电网的耗电量相关［式（4-23）］。此外，该模块还测算了一天内发电铀耗量以及发电原煤消耗量［式（4-22）和式（4-24）］。

该模块的公式如下所示

$$Q_n(t) = \begin{cases} G_n \times 1 & (G_w + G_h + G_n) < \left[Q(t)/1\right] \\ \left[Q(t) - G_w - G_h\right] \times 1 & (G_w + G_h) < \left[Q(t)/1\right] \leqslant (G_w + G_h + G_n) \\ 0 & \left[Q(t)/1\right] \leqslant (G_w + G_h) \end{cases}$$

$$(4-16)$$

$$Q_c(t) = \begin{cases} \left[Q(t) - G_w - G_h - G_n\right] \times 1 & \begin{aligned} (G_w + G_h + G_n) &< \left[Q(t)/1\right] \\ &\leqslant (G_w + G_h + G_n + G_c) \end{aligned} \\ 0 & (G_w + G_h + G_n) \leqslant \left[Q(t)/1\right] \end{cases}$$

$$(4-17)$$

$$E_{peu}(t) = \frac{e_c \times Q_c(t)}{Q(t)} \qquad (4-18)$$

$$c_g = \frac{Q_{ts}}{q} \times c_f \qquad (4-19)$$

$$E_r = c_g \times e_g - \text{SUM}\left[E_{peu}(t) \times Q_b'(t)\right] \qquad (4-20)$$

$$u_{peu}(t) = \frac{u \times Q_n(t)}{Q(t)} \qquad (4-21)$$

$$c_u = \text{SUM}\left[u_{peu}(t) \times Q_b'(t)\right] \qquad (4-22)$$

$$c_{peu}(t) = \frac{c \times Q_c(t)}{Q(t)} \qquad (4-23)$$

$$c_c = \text{SUM}\left[c_{peu}(t) \times Q_b'(t)\right] \qquad (4-24)$$

式中　$Q_n(t)$——核电的发电量，MWh；

$\quad\quad G_n$——核电装机容量，MW；

$\quad\quad G_w$——风电装机容量，MW；

$\quad\quad G_h$——水电装机容量，MW；

$\quad\quad Q_c(t)$——煤电的发电量，MWh；

$\quad\quad G_c$——煤电装机容量，MW；

$\quad\quad E_{peu}(t)$——每度电二氧化碳排放量，t/MWh；

$\quad\quad e_c$——煤电每度电二氧化碳排放量，t/MWh；

$\quad\quad c_g$——一天内燃油汽车汽油消耗量，L；

$\quad\quad q$——电动出租车每公里耗电量，MWh/km；

$\quad\quad c_f$——燃油汽车每公里耗油量，L/km；

E_r——二氧化碳减排量，t；

e_g——每升汽油二氧化碳排放量，t/L；

$u_{peu}(t)$——每度电铀耗量，mg/MWh；

u——核电每度电铀耗量，mg/MWh；

c_u——一天内发电铀耗量，mg；

$c_{peu}(t)$——每度电原煤消耗量，t/MWh；

c——煤电每度电原煤消耗量，t/MWh；

c_c——一天内发电原煤消耗量，t。

能源供应模块的存量流量如图4-4所示。

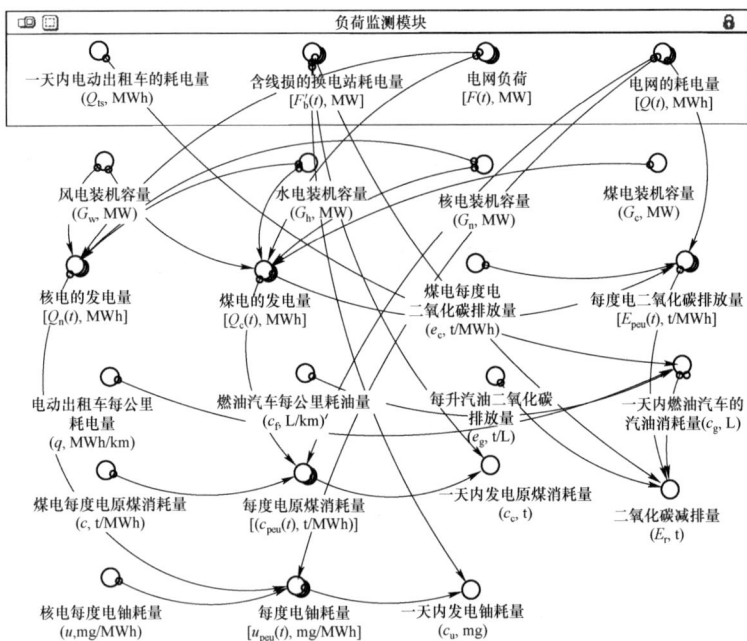

图4-4 能源供应模块存量流量图

4.1.4 投资运营模块

投资运营模块根据充换电设备的数量和成本以及来自电池管理模块、负荷监测模块和能源供应模块的数据，计算换电站的投资成本以及运营收入。为了及时满足换电需求，换电机的数量根据电动出租车的最大换电需求确定，其计算方法如式（4−25）所示。根据中国电动汽车，一个换电机只需花 3min 的时间为一辆电动出租车交换一套四个电池，这意味着一个交换机一个小时内最多能为 20 辆电动出租车交换电池。而一个充电机需要花 2h 的时间为一个电池充满电，这就意味着备用电池数量应该能够满足这 2h 内的换电机的最大换电能力。因此，换电站备用电池的数量可先通过式（4−26）来确定，可以通过式（4−4）测试换电满意度的值来最终确定备用电池的数量。单个换电站车用电池的数量是单个换电站日服务车辆数的 4 倍 [式（4−27）]。单个换电站的电池库存包括备用电池和车用电池。为了确保备用电池的充电机的数量等于换电站备用电池的数量 [式（4−28）]。换电站一天内的用电成本和换电站用电电价以及负荷监测模块的换电站耗电量相关 [式（4−29）]。换电站一天内的换电收入可以通过换电价格和负荷监测模块中一天内电动出租车耗电量来计算 [式（4−30）]。单个电池价格是由单个电池电量以及电池成本来确定 [式（4−31）]。充换电设备成本主要包括换电机、备用电池、车用电池和充电机的成本 [式（4−32）]，其中 P_s 和 P_c 分别为以元为单位的单个换电机价格和单个充电机价格。由于电池 5 年的使用寿命以及换电站 10 年的使用寿命，可知换电站运营商需要在换电站运营 5 年后再次购买电池，这反映在含折现率的式（4−32）和式（4−36）中。投资建设成本包括基建部分成本、电力设施成本、充换电设备成本、其他费用以及政府补贴 [式（4-33）]，其中政府补贴由政府补贴率决定。年基础设施维护支出和基础设施维护支出率以及基建部分成本、电力设施成本和充换电设备成本相关 [式（4-34）]。年劳动成本和每个工人一年的工资以及工人数量相关 [式（4-35）]。式（4-34）通过双倍余额递减法来计算设备残值收入。

该模块的公式如下所示

$$N_s = \begin{cases} \max\left[N_t(t)\right]/20 & \text{INT}\left\{\max\left[N_t(t)\right]/20\right\} = N_t(t)/20 \\ \text{INT}\left\{\max\left[N_t(t)\right]/20\right\}+1 & \text{INT}\left\{\max\left[N_t(t)\right]/20\right\} \neq N_t(t)/20 \end{cases}$$
$$(4-25)$$

$$N_{rb} = 2 \times \frac{60}{3} \times N_s \times 4 \qquad (4-26)$$

$$N_{tb} = N_{st} \times 4 \qquad (4-27)$$

$$N_c = N_{rb} \qquad (4-28)$$

$$C_{de} = \text{SUM}\left[P_w \times Q_b(t)\right] \qquad (4-29)$$

$$I_{ds} = P_t \times Q_{ts} \qquad (4-30)$$

$$P_{rb} = \frac{p_{rb} \times C_{rb}}{4} \qquad (4-31)$$

$$C_{cs} = P_s \times N_s + P_c \times N_c + P_{rb} \times \left(N_{rb} + N_{tb}\right) \times \left[1 + \frac{1}{(1+i)^5}\right] \qquad (4-32)$$

$$C_I = \left(C_i + C_p + C_{cs} + C_o\right) \times \left(1 - \alpha\right) \times N_B \qquad (4-33)$$

$$C_m = \left(C_i + C_p + C_{cs}\right) \times \varphi \qquad (4-34)$$

$$C_h = c_h \times N_h \qquad (4-35)$$

$$D_{cs} = \begin{cases} \left(P_s \times N_s + P_c \times N_c\right) \times \left(1 - \frac{2}{T}\right)^T + \\ P_{rb} \times \left(N_{rb} + N_{tb}\right) \times \left(1 - \frac{2}{5}\right)^5 \times \left[1 + (1+i)^5\right] \end{cases} \times N_B \qquad (4-36)$$

式中　N_s——单个换电站换电机数量，个；

　　　N_{rb}——单个换电站备用电池数量，个；

　　　N_{tb}——单个换电站车用电池数量，个；

　　　N_{st}——单个换电站日服务车辆数，辆；

　　　C_{de}——换电站一天内的用电成本，元；

　　$P_w(t)$——换电站用电电价，元/MWh；

　　　I_{ds}——换电站一天内的换电收入，元；

　　　P_t——换电价格，元/MWh；

　　　P_{rb}——单个电池价格，元；

　　　p_{rb}——电池成本，元/kWh；

　　　C_{rb}——单个电池电量，kWh；

　　　C_{cs}——充换电设备成本，元；

　　　P_s——单个换电机价格，元；

　　　P_c——单个充电机价格，元；

　　　i——折现率；

　　　C_I——投资建设成本，元；

　　　C_i——基建部分成本，元；

　　　C_p——电力设施成本，元；

　　　C_o——其他费用，元；

　　　α——政府补贴率；

　　　C_m——年基础设施维护支出，元；

　　　φ——基础设施维护支出率；

　　　C_h——年劳动成本，元；

　　　c_h——每个工人一年的工资，元；

　　　N_h——工人数量，人；

　　　D_{cs}——设备残值收入，元；

　　　T——换电站的使用寿命，年。

投资运营模块的存量流量如图 4-5 所示。

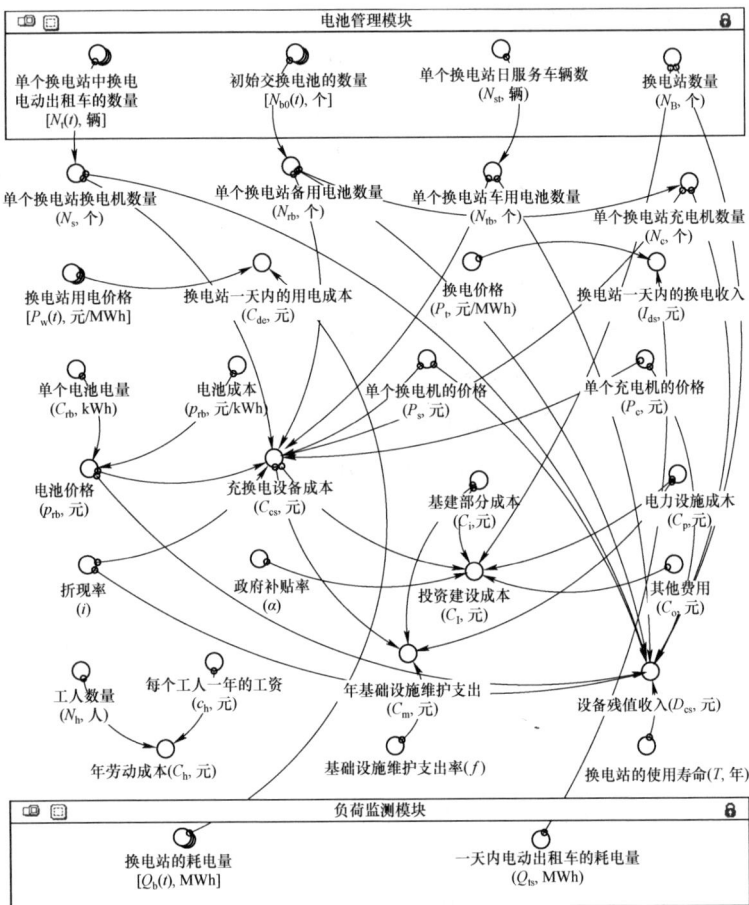

图 4-5　投资运营模块存量流量图

4.1.5　生命周期分析模块

k 为换电站运营的年数。E_{lr} 是以 t 为单位换电站生命周期减排量 [式（4-37）]。换电站生命周期原煤耗量和铀耗量分别由式（4-38）和式（4-39）计算所得。年用电成本、换电收入分别是换电站一天内的用电成本和换电站一天内的换电收入一年 356 天的总和 [式（4-40）和式（4-42）]。年运营成本和年基础设施维护支出、年劳动成本、换电站数量以及年用电成本相关 [式（4-41）]。T 表示换电站寿命。换电站生命周期成本、换电站运营的年数、换电站寿命、年运营成本以及投资运营模块中的投资建设成本和折现率相关 [式（4-43）]。换电站生命周期收入根据换电站运营的年数、换电站的使用寿命、换电收入以及投资运营模块中的折现率和设备残值收入来确定 [式（4-44）]。换电站生命周期净收入是换电站生命周期收入减去换电站生命周期成本的差值 [式（4-45）]。

$$E_{lr} = \sum_{1}^{365T} E_r \qquad (4-37)$$

$$c_{lc} = \sum_{1}^{365T} c_c \qquad (4-38)$$

$$c_{lu} = \sum_{1}^{365T} c_u \qquad (4-39)$$

$$C_e(k) = \sum_{1+365(k-1)}^{365k} C_{de} \qquad (4-40)$$

$$C_a(k) = (C_m + C_h) \times N_B + C_e(k) \qquad (4-41)$$

$$I_a(k) = \sum_{1+365(k-1)}^{365k} I_{ds} \qquad (4-42)$$

$$C_1 = C_I + \sum_{k=1}^{T} \frac{C_a(k)}{(1+i)^k} \tag{4-43}$$

$$I_1 = \sum_{k=1}^{T} \frac{I_a(k)}{(1+i)^k} + \frac{D_{cs}}{(1+i)^T} \tag{4-44}$$

$$I = I_1 - C_1 \tag{4-45}$$

式中　E_{lr}——换电站生命周期减排量，t;

　　　　c_{lc}——换电站生命周期原煤耗量，t;

　　　　c_{lu}——换电站生命周期铀耗量，mg;

　　　$C_e(k)$——年用电成本，元;

　　　　k——换电站运营的年数，年;

　　　$C_a(k)$——年运营成本，元;

　　　$I_a(k)$——换电收入，元;

　　　　C_1——换电站生命周期成本，元;

　　　　I_1——换电站生命周期收入，元;

　　　　I——换电站生命周期净收入，元。

4.2　系数设置与结果分析

4.2.1　模型系数的设置

以北京作为模型的算例。投资者计划在 2017 年底在北京地区建成 200 座换电站。表 4-1 为电动出租车的换电频率以及北京地区常规负荷数据。表 4-2 为换电站的峰谷分时用电价格。其他的系数在表 4-3 中列出。

表 4 - 1　24h 的电动出租车换电频率以及北京市常规负荷

时刻	$f_s(t)$	$F_t(t)$	时刻	$f_s(t)$	$F_t(t)$	时刻	$f_s(t)$	$F_t(t)$
0	0.060	9962.86	8	0.054	14 914.15	16	0.071	17 118.31
1	0.043	9369.53	9	0.072	16 413.02	17	0.058	16 306.82
2	0.030	8919.59	10	0.089	17 297.23	18	0.048	15 813.8
3	0.021	8643.24	11	0.112	17 366.19	19	0.052	16 056.32
4	0.018	8567.24	12	0.121	17 322.84	20	0.044	16 239.37
5	0.022	9066.06	13	0.088	17 228.38	21	0.028	15 380.58
6	0.031	10 450.95	14	0.064	17 261.56	22	0.023	13 709.11
7	0.045	12 571.51	15	0.070	17 316.02	23	0.021	11 860.02

数据来源：电出租车的换电频率数据根据作者对换电站的调查研究；北京常规负荷的数据根据调研所得。

表 4 - 2　　　　　　24h 的峰谷分时用电价格

时间	峰段	平段	谷段
时段	10:00—14:00 18:00—20:00	7:00—9:00 15:00—17:00 21:00—22:00	23:00—第二天 6:00
$P_w(t)$（元/MWh）	1004.4	695	394.6

表 4 - 3　　　　主　要　参　数

变量名	参数	类型	定义	单位
24 个时刻	t	—	0, 2, 3, …, 23	—
电动出租车数量	N_T	◯	30 000	辆
换电站数量	N_B	◯	200	座
单个换电站日服务车辆数	N_{st}	◯	式（4－1）	辆
电动出租车换电频率	$f_s(t)$	◔	表 4－1	—
单个换电站中换电电动出租车的数量	$N_t(t)$	◔	式（4－2）	辆
初始交换电池的数量	$N_{b0}(t)$	◔	式（4－3）	个

变量名	参数	类型	定义	单位
单个换电站备用电池数量	N_{rb}	◯	式（4-26）	个
换电站开始运营前一天23点换电后满充电池的初始数量	$N_{fs0}(23)$	▢	N_{rb}	个
22点新充电池的初始数量	$N_{nb0}(22)$	▢	0	个
22点没有充电的空电池初始数量	$N_{en0}(22)$	▢	0	个
23点充电电池初始数量	$N_{bc0}(23)$	▢	0	个
$t-1$时刻换电后满充电池数量	$N_{fs}(t-1)$	◯	图4-2	个
$t-2$时刻新充电池数量	$N_{nb}(t-2)$	◯	图4-2	个
t时刻初始交换电池数量	$N_{b0}(t)$	◯	图4-2	个
t时刻交换电池的数量	$N_b(t)$	◯	图4-2	个
t时刻换电后满充电池数量	$N_{fs}(t)$	◯	图4-2	个
$t-1$时刻没有充电的空电池数量	$N_{en}(t-1)$	◯	图4-2	个
t时刻换电后空电池数量	$N_{es}(t)$	◯	图4-2	个
单个换电站充电机数量	N_c	◯	式（4-28）	个
$t-1$时刻充电电池数量	$N_{bc}(t-1)$	◯	图4-2	个
换电满意度	s	◯	式（4-4）	—
单个充电机充电功率	p_c	◯	0.004	MW
单个换电站中充电机的充电功率	$P_c(t)$	◯	式（4-5）	MW
充电损耗率	S	◯	17%[a]	—
电动出租车的耗电量	$Q_t(t)$	◯	式（4-6）	MWh
一天内电动出租车的耗电量	Q_{ts}	◯	式（4-7）	MWh
单个换电站的自用电	P_s	◯	0.16	MW
换电站的负荷	$F_b(t)$	◯	式（4-8）	MW

续表

变量名	参数	类型	定义	单位
换电站的耗电量	$Q_b(t)$	◖	式（4－9）	MWh
线损率	ω	◯	6.68%[a]	—
含线损的换电站负荷	$F'_b(t)$	◖	式（4－10）	MW
含线损的换电站耗电量	$Q_b'(t)$	◖	式（4－11）	MWh
常规负荷	$F_t(t)$	◖	表 4－1	MW
电网负荷	$F(t)$	◖	式（4－12）	MW
电网的耗电量	$Q(t)$	◖	式（4－13）	MWh
常规负荷峰谷差	D_t	◯	式（4－14）	MW
电网负荷峰谷差	D	◯	式（4－15）	MW
风电装机容量	G_w	◯	2000[a]	MW
水电装机容量	G_h	◯	4000[a]	MW
核电装机容量	G_n	◯	3000[a]	MW
煤电装机容量	G_c	◯	10 000[a]	MW
核电的发电量	$Q_n(t)$	◖	式（4－16）	MWh
煤电的发电量	$Q_c(t)$	◖	式（4－17）	MWh
煤电每度电二氧化碳排放量	e_c	◯	0.82[b]	t/MWh
每度电二氧化碳排放量	$E_{peu}(t)$	◖	式（4－18）	t/MWh
电动出租车每公里耗电量	q	◯	0.000 16	MWh/km
燃油汽车每公里耗油量	c_f	◯	0.08[a]	L/km
一天内燃油汽车汽油消耗量	c_g	◯	式（4－19）	L
每升汽油二氧化碳排放量	e_g	◯	0.002 135[a]	t/L
二氧化碳减排量	E_r	◯	式（4－20）	t
核电每度电铀耗量	u	◯	42[c]	mg/MWh

变量名	参数	类型	定义	单位
每度电铀耗量	u_{peu}	◯	式（4－21）	mg/MWh
一天内发电铀耗量	c_u	◯	式（4－22）	mg
煤电每度电原煤消耗量	c	◯	4.47[c]	t/MWh
每度电原煤消耗量	c_{peu}	◯	式（4－23）	t
一天内发电原煤消耗量	c_c	◯	式（4－24）	t
单个换电站换电机数量	N_s	◯	式（4－25）	个
单个换电站车用电池数量	N_{tb}	◯	式（4－27）	个
换电站用电电价	$P_w(t)$	◯	表4－2	元/MWh
换电站一天内的用电成本	C_{de}	◯	式（4－29）	元
换电价格	P_t	◯	2000	元/MWh
换电站一天内的换电收入	I_{ds}	◯	式（4－30）	元
电池成本	p_{rb}	◯	1550.59[d]	元/kWh
单个电池电量	C_{rb}	◯	37.8	kWh
单个电池价格	P_{rb}	◯	式（4－31）	元
单个换电机价格	P_s	◯	35 000	元
单个充电机价格	P_c	◯	30 000	元
折现率	i	◯	6%[a]	—
充换电设备成本	C_{cs}	◯	式（4－32）	元
基建部分成本	C_i	◯	10 963 300	元
电力设施成本	C_p	◯	6 397 600	元
其他费用	C_o	◯	5 935 500	元
政府补贴率	α	◯	30%[e]	—
投资建设成本	C_I	◯	式（4－33）	元

续表

变量名	参数	类型	定义	单位
基础设施维护支出率	φ	◯	5	—
年基础设施维护支出	C_I	◯	式（4-34）	元
每个工人一年的工资	C_m	◯	40 000	元
工人数量	c_h	◯	20	人
年劳动成本	C_h	◯	式（4-35）	元
设备残值收入	D_{cs}	◯	式（4-36）	元
换电站运营的年数	k	—	1, 2, 3, ···, 10	年
换电站生命周期减排量	E_{lr}	◯	式（4-37）	t
换电站生命周期原煤耗量	c_{lc}	◯	式（4-38）	t
换电站生命周期铀耗量	c_{lu}	◯	式（4-39）	mg
年用电成本	$C_e(k)$	◯	式（4-40）	元
年运营成本	$C_a(k)$	◯	式（4-41）	元
年换电收入	$I_a(k)$	◯	式（4-42）	元
换电站的使用寿命	T	◯	10 [a]	年
换电站生命周期成本	C_l	◯	式（4-43）	元
换电站生命周期收入	I_l	◯	式（4-44）	元
换电站生命周期净收入	I	◯	式（4-45）	元
单个车用电池的年租赁费用收入	I_{br}	◯	0	元

数据来源：a 太阳能电动汽车网；

b 国际能源组织；

c 中国时报；

d Electrek Net；

e《关于印发北京市电动汽车充电基础设施专项规划（2016—2020 年）》。

4.2.2 结果分析

首先根据换电满意度的测试来确定不同充电策略下换电站需

购买的备用电池和充电机的数量。然后分析电网的电源结构，进而分析换电站用电负荷的能源结构。通过电网峰谷差来判断换电站的负荷转移效果。最后分析不同充电策略下换电站的节能减排与经济效益。

4.2.2.1 确定备用电池和充电机数量

图 4-6 显示换电满意度随着备用电池数量的增加而增大。然而，当备用电池的数量分别在 CS1、CS2、CS3 下达到 136、404、640 个时，换电满意度达到最大值 1。即使再增加备用电池的数量，换电满意度也不会提高。这意味着备用电池数量已达到饱和。确定不同充电策略的备用电池数量后，再测试充电机数量与换电满意度的关系。

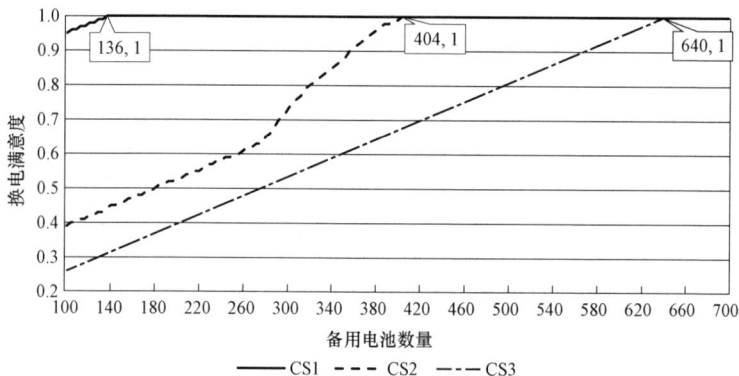

图 4-6　备用电池数量与换电满意度之间的关系

图 4-7 显示换电满意度随着充电机数量的增加而增大。然而当充电机的数量在 CS1、CS2、CS3 下分别达到 136、123、182 个时，换电满意度达到最大值 1。这意味着此时充电机的数量是饱和的。

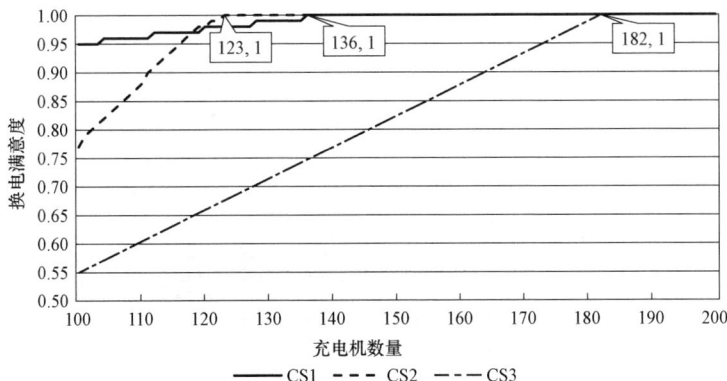

图 4-7　充电机数量与换电满意度之间的关系

根据图 4-6 和图 4-7 确定备用电池和充电机数量后，本书将对电网电源结构、换电站负荷、电网负荷峰谷差、换电站节能减排及经济效益进行分析。

4.2.2.2　电网电源结构

根据《节能发电调度办法》，发电机的发电顺序是风电、水电、核电和煤电。常规负荷表示除去换电站负荷的电网其他用电负荷。图 4-8 表明常规负荷的峰谷差很大，其中 0 点到 6 点的常规负荷明显低于其他时段的负荷。电网主要的电源是煤电，其中 2 点至 4 点之间还有核电冗余。

4.2.2.3　换电站负荷

图 4-9 显示不同充电策略下换电站的负荷。除了 2 点至 4 点时段外，换电站的电能均来源于煤电，这与图 4-8 的分析一致。CS3 下，2 点至 4 点时段换电站的负荷明显高于 CS1 和 CS2，这说明 CS3 提高了核电的利用率。CS3 和 CS2 下 23 点至 6 点时段换电站的负荷明显高于 CS1，而 CS3 和 CS2 下 7 点至 22 点时段

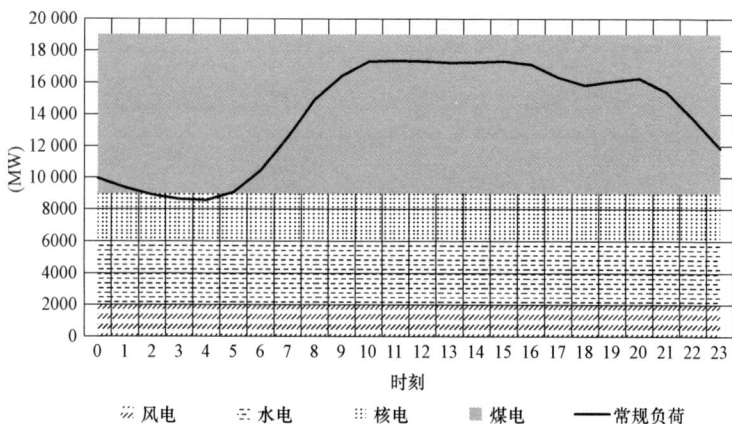

图 4-8　电网的电源结构

换电站的负荷明显低于 CS1。这说明 CS3 和 CS2 能够提高谷段期间电能的利用，同时也降低了峰荷。

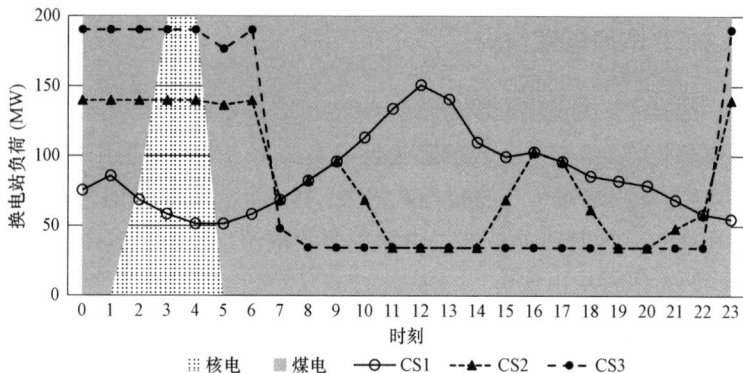

图 4-9　换电站的负荷

4.2.2.4　电网负荷峰谷差

图 4-10 表明 CS1 下电网负荷峰谷差比常规负荷峰谷差高出82.29MW。CS2 和 CS3 下电网负荷峰谷差比常规负荷的峰谷差要

小很多。从图 4–9 可知，CS3 下换电站负荷增加了电网谷段负荷并降低了其峰段负荷。因此，CS3 下电网负荷峰谷差最小，比常规负荷峰谷差要低 156.02MW。

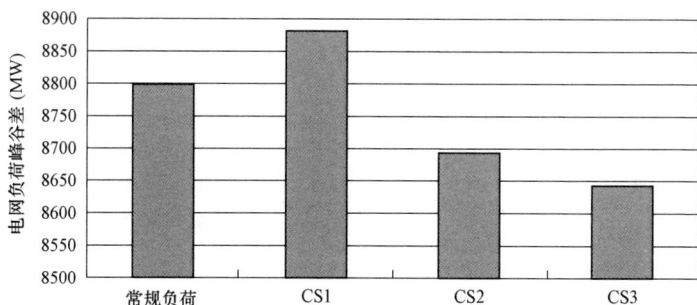

图 4–10　电网负荷峰谷差

4.2.2.5　换电站节能减排效益

图 4–11 显示换电站生命周期原煤消耗量的顺序为 CS1＜CS2＜CS3，与其铀耗量顺序相反，这与图 4–9 的分析是一致的。原煤的消耗会产生二氧化碳排放，因此减少煤电提高核电利用率能

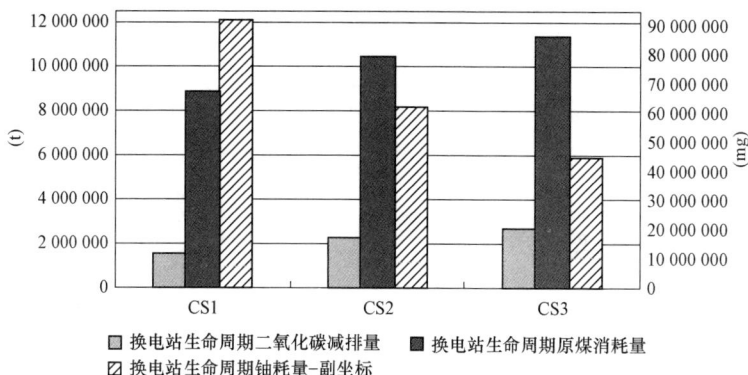

图 4–11　换电站投资运营模型的节能减排效应

103

够降低二氧化碳的排量，可知换电站生命周期减排量的顺序为CS1＜CS2＜CS3。根据 BP Global 的数据，中国原煤储量为 1145t，铀储量为 36 620 000 亿 mg，对比换电站生命周期原煤消耗量和铀耗量，可知更多的煤电接入将会使中国原煤更加紧缺。因此，可以判断 CS3 的节能减排效应最佳。

4.2.2.6　换电站生命周期成本构成

由于不同充电策略下对应不同的备用电池数量和充电机数量，CS1、CS2 和 CS3 下投资建设成本、用电价格以及年基础设施维护支出都是不同的。图 4－12 表明换电站投资建设成本是其生命周期成本的主要组成部分。CS1 中用电成本比年基础设施维护支出要高，这与 CS2 和 CS3 中的情况是相反的。

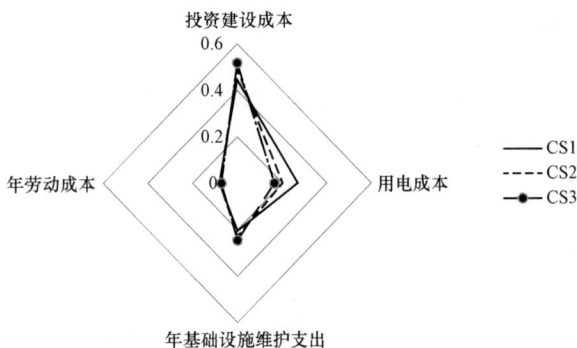

图 4－12　生命周期成本构成分析

4.2.2.7　换电站经济效益

根据图 4－6 和图 4－7 可知，CS3 中备用电池和充电机的数量是最多的，这也导致了 CS3 在图 4－12 中投资建设成本的占比以及图 4－13 中换电站的生命周期成本都是最高。图 4－13 显示虽然 CS3 的换电站生命周期收入高于 CS1 和 CS2 的，但 CS3 的换电站生命周期成本却远高于 CS1 和 CS2 的。这就造成 CS3 下换电站产生更多的损失。换电站生命周期净收入的排序为 CS1＞CS2＞CS3。

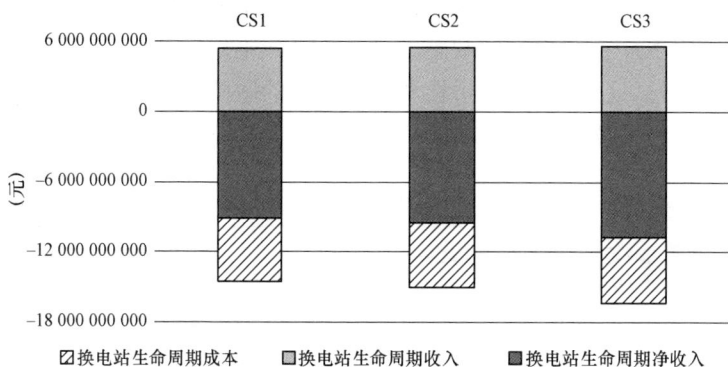

图 4－13　换电站投资运营模型的经济效益

4.2.3　敏感性分析

根据图 4－10 和图 4－11 的分析，可知 CS3 的负荷转移效果和节能减排效益是最佳的。然而图 4－13 显示 CS1、CS2 和 CS3 下换电站遭受巨大的损失。为了确定影响三种充电策略经济效益的敏感性因素，本章改变各项因素的值来测试它们的敏感性。将换电站生命周期净收入作为敏感性评价指标。根据式（4－45），换电站生命周期净收入与其生命周期成本和收入相关。图 4－12 表明换电站投资建设成本是影响换电站生命周期成本的主要因素。根据式（4－32）和式（4－33）可知，换电站投资建设成本与换电机价格、电池成本、充电机价格、电力设施成本以及基建部分成本相关。根据式（4-30）、式（4-42）和式（4-44）可知换电站生命周期收入主要和换电价格相关。图 4-14 分析各个影响因素的敏感性。其中电池成本和换电价格的敏感度高于其他因素，而换电机价格的敏感度是最低的。此外，值得注意的是双因素电池成本和换电价格的敏感度介于单因素电池成本和换电价格之间。CS1 中换电价格的敏感度高于电池成本。而其他两种充电策略则不然。CS2 中换电价格和电池成本的敏感度几乎是一样的。CS3 中换电价格的敏感度低于电池成本。

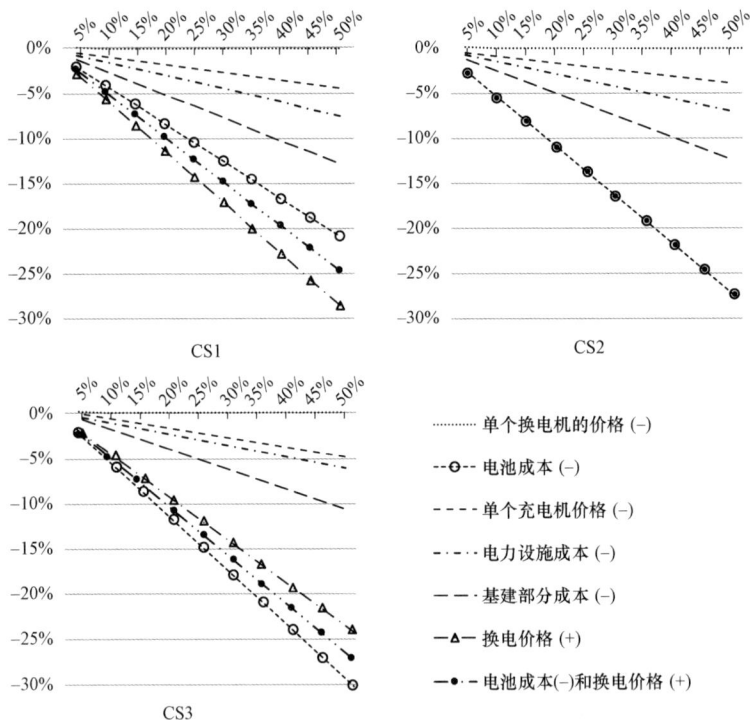

图 4-14 不同充电策略的敏感性分析

注："−"表示减少，"+"表示增加；横坐标轴表示影响因子的变化比例，纵坐标轴表示换电站生命周期净收入的变化比例。

4.2.4 相关探讨

根据图 4-14 敏感性分析，可知电池成本和换电价格的斜率较其他因素更大，即对换电站生命周期净收入的影响更大。鉴于目前电池技术的限制，电池成本仍旧很高。此外，简单地提高换电价格不利于换电模式和电动汽车的推广，因此需要利用有效的换电定价机制在协调各参与方利益的前提下，引导用户有序换电。由于换电站不仅承担了备用电池的购买费用，还需支付电动出租车车用电池购买费用，因此本书提出向电动出租车公司收取一定的车用电池租赁费。式（4-42）可以调整为式（4-46）

$$I_a(k) = \sum_{1+365(k-1)}^{365k} I_{ds} + I_{br} \times N_{tb} \times N_B \qquad (4-46)$$

式中 I_{br}——单个车用电池的年租赁费用收入，元。

图 4-15 显示换电站生命周期净收入随着单个车用电池年租赁费收入的增加而提高。CS1 下当换电站运营商向电动出租车公司收取 10 300 元的单个车用电池年租赁费时，换电站就会变为盈利的。CS1 和 CS2 下当换电站收取的单个车用电池年租赁费分别达到 10 300 元和 12 160 元时，换电站同样也会变得盈余。目前，投资者规划建设的换电站数量并不是通过根据当地电动汽车发展状况以及严格预算确定的，大部分是决策者凭经验或简单的计算得出的。因此，除了提出向电动出租车公司收取车用电池租赁费外，本书还利用构建的模型测试建设不同换电站数量对换电站生命周期净收入的影响。试图证明合理规划换电站建设数量对总投资运营收益的重要性。图 4-16 显示三种充电策略下模拟不同换电站建设数量下所需的备用电池和充电机数量。在模拟不同换电站建设数量情景下，本书假设单个换电站的电力设施成本、基建

部分成本、年劳动成本和其他费用是相同的，以此来简化换电站生命净收入的计算。

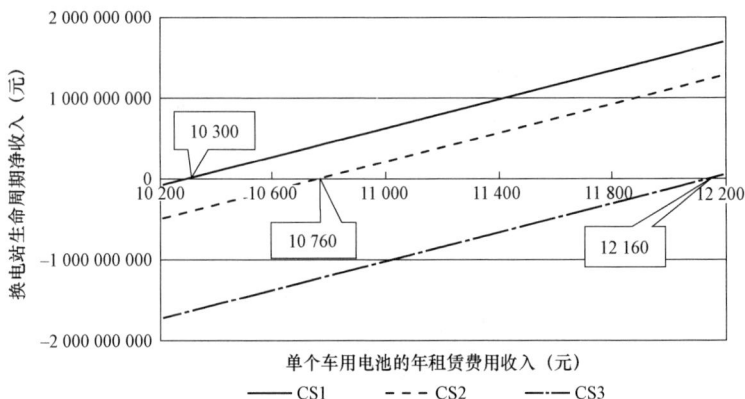

图 4-15　一个车用电池的年租赁费收入和换电站生命周期净收入的关系

由于总换电需求不变，图 4-16 显示换电站的建设数量越少则单个换电站所需购置备用电池和充电机数量就越多。由于 CS3

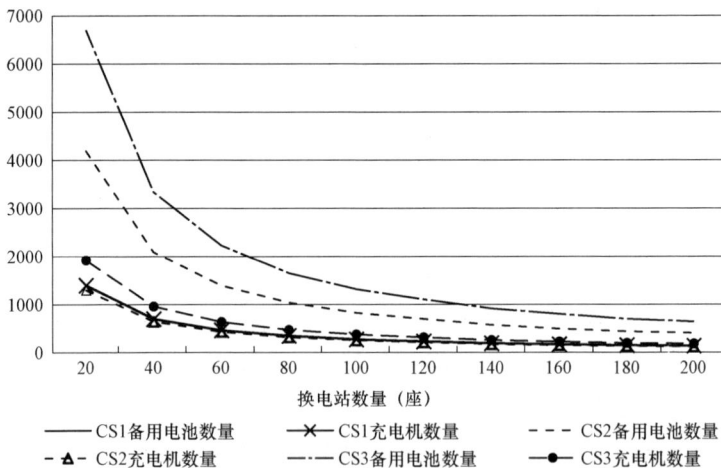

图 4-16　不同充电策略下换电站所需的备用电池数量和充电机数量

仅在谷段期间为电池进行充电，如此集中的充电策略导致其比另两种充电策略要求购置更多的备用电池和充电机以满足用户的换电需求。此外，值得注意的是虽然 CS2 中需购置的备用电池数量多于 CS1，但充电机数量却少于 CS1。

图 4-17 表明减少换电站建设数量能够降低换电站运营商的损失。因此，换电站运营商应该基于当地电动汽车发展状况来建设适当的换电站数量，通过考虑换电需求的时间分布及其空间分布合理地规划换电站的布局。

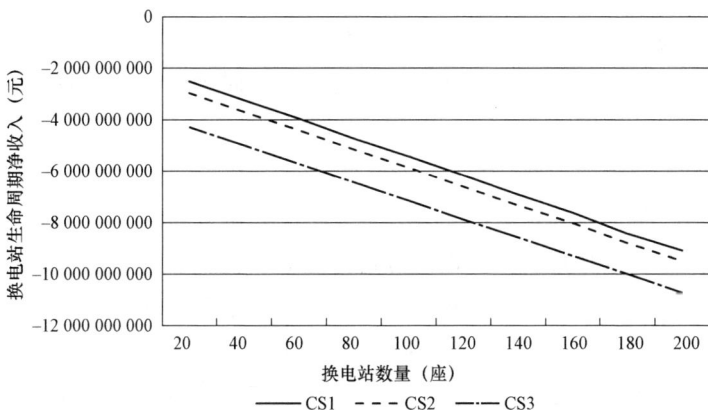

图 4-17　建设不同换电站数量下换电站生命周期净收入

本　章　小　结

本书提出一个换电站投资运营仿真模型来评估三种充电策略下换电站的节能减排效应和经济效益。该模型利用实时发电机组调度模块来监测三种充电策略下换电站的二氧化碳减排量、原煤消耗量以及铀耗量。为了满足不同充电策略下电动出租车的换电需求，该模型为换电站配备相应的备用电池和充电机数量，进而计算换电站的生命周期净收入。由于不同充电策略下，换电站不同的用电负荷会形成不同的电网负荷峰谷差。敏感性分析用来确定影响换电站生命周期净收入的关键因素。本书还提出向电动出租车公司收取相应车用电池租赁费，并讨论了单个车用电池年租赁费收入对换电站生命周期净收入的影响。此外，本章还利用所建模型测试减少换电站建设数量对换电站生命周期净收入的影响。

　　根据仿真结果分析，相对常规负荷峰谷差，谷段充电策略能够减少电网 156.02MW 的负荷峰谷差，同时表现出最大的节能减排效益。根据敏感性分析可知，影响换电站生命周期净收入的关键因素是电池成本和换电价格。然而，考虑到当前电池技术以及电动汽车推广的状况，三种充电策略的经济效益都不佳，并不能使换电站具有营利性。根据讨论部分的分析，可知如果在随换随充策略、平谷段充电策略和谷段充电策略下换电站分别向电动出租车公司收取 10 300、10 760 元和 12 160 元的单个车用电池租赁费，则换电站运营商不会亏损。此外，减少换电站的建设数量能够降低换电站运营商的损失。因此，根据以上结果分析，可以提出几下几点政策建议：① 当建设 200 座换电站时，随换随充策略、平谷充电策略和谷段充电策略下单个换电站分别需要配置 136、404 个和 640 个备用电池以及 136、123 个和 182 个充电机；② 简单地提高换电价格不利于换电模式和电动汽车的推广，政府应该利用有效的换电定价机制协调各参与方利益与引导用户有序换电；③ 换电站运营商应该向电动出租车司机收取一定的车用电池租赁费；④ 中国政府应该根据换电需求的时空分布以及当地电动汽车的推广情况来合理规划换电站的建设数量。

第5章
换电站实时换电定价模型

通过第 5 章换电站投资运营模型结果分析，发现在现有电池技术的条件下，换电价格是一个影响换电站投资运营收益的关键因素。有效的换电定价机制可以引导用户有序换电，并促进电动汽车和换电模式的推广。换电模式要求电动汽车电池规格统一标准，尤其适用于行驶里程长且要求快速换电的电动汽车。因此本章选取电动出租车研究其换电定价的制定。由于换电站具有储能的优势，可以提前为站内备用电池进行充电，因此可结合充电策略研究换电定价问题。

5.1 实时换电定价模型构建

换电定价系统包括 5 个模块：电网负荷监测、发电机组调度、换电站运营、电动出租车和各方利益评估模块。其中发电机组调度和换电定价模块是该系统动力学模型的核心。模型假设发电机组的发电是根据前一天的电网负荷来调度的。换电定价能够触发电动出租车司机的及时响应。换电定价通过与每个时刻的用电价格、换电成本、充电损耗率、价格系数以及煤电发电机组的负荷率相关的特定定价方案来确定。因此，电动出租车可以相应地调整他们的换电行为。接着换电站通过特定的充电策略来安排电池的充电，从而定量地反馈成每个时刻的新充电功率。换电站新的负荷和常规负荷叠加后生成新的电网负荷结构。该模型是一个反馈系统，并将一天划分为 24h（$t=0$，1，2，3，…，23）以研究换电定价情景的效应。

5.1.1　电网负荷监测模块

该模块考虑了电力传输过程中线损和充电损耗，并通过电池充电功率来监测换电站充电功率对电网负荷的影响。根据单个电池充电功率［式（5-1）］和表 5-1 中前一天的充电电池数量来确定电池的充电功率。式（5-2）用来计算每个时刻电动出租车的耗电量。式（5-3）计算一天内电动出租车的耗电量。式（5-4）在考虑电池充电功率以及充电损耗的基础上计算换电站的耗电量。式（5-5）在考虑线损率的基础上估算含线损的换电站负荷。式（5-6）定义各个时刻含线损的换电站耗电量。式（5-7）将含线损换电站负荷以及表 5-2 中的常规负荷叠加形成含线损的电网负荷。式（5-8）确定各个时刻含线损的电网耗电量。

该模块的公式如下

$$P_{bc}(t) = p_{bc} \times N_{bc0}(t) \tag{5-1}$$

$$Q_d(t) = P_{bc}(t) \times 1 \tag{5-2}$$

$$Q_{ds} = \text{SUM}\left[Q_d(t)\right] \tag{5-3}$$

$$Q_s(t) = \left[P_{bc}(t)/(1-s)\right] \times 1 \tag{5-4}$$

$$F_s'(t) = P_{bc}(t)/\left[(1-s)(1-\eta)\right] \tag{5-5}$$

$$Q_s'(t) = F_s'(t) \times 1 \tag{5-6}$$

$$F(t) = F_0(t) + F_s'(t) \tag{5-7}$$

$$Q(t) = F(t) \times 1 \tag{5-8}$$

式中　$P_{bc}(t)$——电池的充电功率，MW；

　　　p_{bc}——单个电池充电功率，MW；

　　　$N_{bc0}(t)$——前一天的充电电池数量，个；

　　　$Q_d(t)$——电动出租车的耗电量，MWh；

　　　Q_{ds}——一天内电动出租车的耗电量，MWh；

　　　$Q_s(t)$——换电站的耗电量，MWh；

　　　s——充电损耗率；

　　　$F_s'(t)$——含线损的换电站负荷，MW；

　　　η——线损率；

　　　$Q_s'(t)$——含线损的换电站耗电量，MWh；

　　　$F_o(t)$——含线损的常规负荷，MW；

　　　$F(t)$——含线损的电网负荷，MW；

　　　$Q(t)$——含线损的电网耗电量，MWh。

电网负荷监测模块的存量流量如图 5-1 所示。

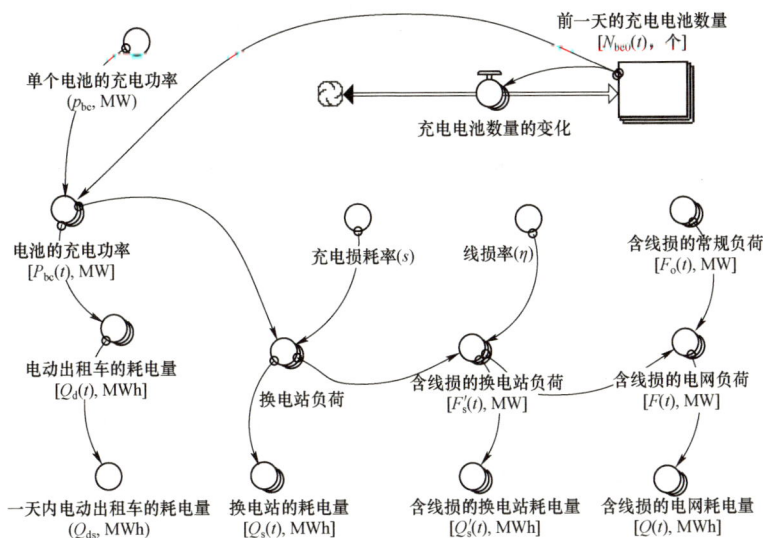

图 5-1　电网负荷监测模块的存量流量图

5.1.2　发电机组调度模块

　　假设电力系统根据电网负荷监测模块的电网负荷来安排发电机组的发电顺序及发电量。该模块利用每度电供电煤耗和碳减排量来评价电动出租车电源的经济性和能源效率。根据《节能发电调度办法》，发电机的顺序为风电（w），光伏发电（p），水电（h），天然气发电（g）以及煤电（c）。i 属于发电技术集（V），包含 w，p，h，g 和 c 元素。表 5–3 为发电机组装机容量数据。考虑风电和光伏发电的间歇性，将表 5–4 中风电和光伏发电 24 小时利用引入发电机调度模块，并通过式（5–9）计算它们的有效发电功率。根据发电机组的有效装机容量以及电网负荷，该模块模拟能源供应侧的实时调度并确定发电技术 i 的发电功率［式（5–10）～式（5–14）］。发电成本为各发电技术每度电发电成本与其发电量的乘积［式（5–15）］。发电碳排放量是各发电技术每度电发电碳排放量与其发电量的乘积［式（5–16）］。由于电网是一个网状系统，很难去区分电动出租车的电能来源于哪种发电技术，因此利用每度电发电成本和碳排放量来反应电网的平均发电成本和碳排放量［式（5–17）和式（5–18）］。式（5–19）计算一天内电动出租车发电碳排放量。通过一天内电动出租车的耗电量，每公里耗电量，每公里耗油量和汽油的碳排放系数计算与电动出租车同一行驶里程下的燃油出租车碳排放量［式（5–20）］。电动出租车的碳减排量由式（5–21）确定。煤电发电机组的负荷率反映煤电发电机组的利用率［式（5–22）］。每度电供电煤耗由每度电供电标准煤耗和表 5–5 的与煤电发电机组负荷率相关的负荷率修正系数计算所得［式（5–23）］。

　　该模块的公式如下

$$I_i(t) = \begin{cases} I_w \times \beta_w(t), & i = w \\ I_p \times \beta_p(t), & i = p \\ I_h & i = h \\ I_g & i = g \\ I_c & i = c \end{cases} \qquad (5-9)$$

$$G_w(t) = \begin{cases} F(t), & F(t) \leqslant I_w(t) \\ I_w(t), & I_w(t) < F(t) \end{cases} \qquad (5-10)$$

$$G_p(t) = \begin{cases} 0, & F(t) \leqslant I_w(t) \\ F(t) - I_w(t), & I_w(t) < F(t) \leqslant \left[I_w(t) + I_p(t) \right] \\ I_p(t), & \left[I_w(t) + I_p(t) \right] < F(t) \end{cases} \qquad (5-11)$$

$$G_h(t) = \begin{cases} 0, & F(t) \leqslant \left[I_w(t) + I_p(t) \right] \\ F(t) - I_w(t) - I_p(t), & \left[I_w(t) + I_p(t) \right] < F(t) \leqslant \left[I_w(t) + I_p(t) + I_h \right] \\ I_h, & \left[I_w(t) + I_p(t) + I_h \right] < F(t) \end{cases}$$
$$(5-12)$$

$$G_g(t) = \begin{cases} 0, & F(t) \leqslant \left[I_w(t) + I_p(t) + I_h \right] \\ F(t) - I_w(t) - I_p(t) - I_h, & \begin{aligned} \left[I_w(t) + I_p(t) + I_h \right] &< F(t) \\ &\leqslant \left[I_w(t) + I_p(t) + I_h + I_g \right] \end{aligned} \\ I_g, & \left[I_w(t) + I_p(t) + I_h + I_g \right] < F(t) \end{cases}$$
$$(5-13)$$

$$G_c(t) = \begin{cases} 0, & F(t) \leqslant \left[I_w(t) + I_p(t) + I_h + I_g \right] \\ F(t) - I_w(t) - I_p(t) - I_h - I_g, & \begin{aligned} \left[I_w(t) + I_p(t) + I_h + I_g \right] &< F(t) \\ &\leqslant \left[I_w(t) + I_p(t) + I_h + I_g + I_c \right] \end{aligned} \\ I_c, & \left[I_w(t) + I_p(t) + I_h + I_g + I_c \right] < F(t) \end{cases}$$
$$(5-14)$$

$$C_g(t) = \sum_{i \in V} \left[c_i \times G_i(t) \times 1 \right] \quad (5-15)$$

$$E_g(t) = \sum_{i \in V} \left[e_i \times G_i(t) \times 1 \right] \quad (5-16)$$

$$C_{gpe}(t) = \frac{C_g(t)}{Q(t)} \quad (5-17)$$

$$E_{gpe}(t) = \frac{E_g(t)}{Q(t)} \quad (5-18)$$

$$E_{ev} = \text{SUM}\left[E_{gpe}(t) \times Q_s'(t) \right] \quad (5-19)$$

$$E_{gv} = \left(\frac{Q_{ds}}{q} \right) \times f \times e_o \quad (5-20)$$

$$E_r = E_{gv} - E_{ev} \quad (5-21)$$

$$\omega(t) = \frac{G_c(t)}{I_c(t)} \quad (5-22)$$

$$S_c(t) = s_c \times \mu(t) \quad (5-23)$$

式中　　I_i——发电技术 i 的装机容量，MW；

$I_i(t)$——发电技术 i 的有效发电功率，MW；

$\beta_w(t)$——风电利用率；

$\beta_p(t)$——光伏发电利用率；

$G_i(t)$——发电技术 i 的发电功率，MW；

$C_g(t)$——发电成本，元；

c_i——发电技术 i 每度电发电成本，元/MWh；

$E_g(t)$——发电碳排放量，kg；

e_i——发电技术 i 每度电发电碳排放量，kg/MWh；

$C_{gpe}(t)$——每度电发电成本，元/MWh；

$E_{gpe}(t)$——每度电发电碳排放量，kg/MWh；

E_{ev}——一天内电动出租车的发电碳排放量，kg；

E_{gv}——一天内燃油出租车碳排放量，kg；

q——每公里耗电量，MWh/km；

f——每公里耗油量，L/km；

e_o——汽油的碳排放系数；

E_r——碳减排量，kg；

$\omega(t)$——煤电发电机组的负荷率；

$S_c(t)$——每度电供电煤耗，gce/MWh；

s_c——每度电供电标准煤耗，gce/MWh；

$\mu(t)$——负荷率修正系数。

发电机组调度模块的存量流量如图 5-2 所示。

图 5-2 发电机组调度模块的存量流量图

5.1.3　换电站运营模块

该模块将发电成本、用电价格和换电服务费整合到一个换电定价链中，其中还引用了价格系数和价格调整率。考虑到换电站不同充换情景的效应，为换电站设置了两种充电策略：① 集中式充电；② 分散式充电。提出了四种换电定价情景：① 基于峰谷分时电价的换电定价方案；② 基于谷–平换电成本的换电定价方案；③ 基于平–峰换电成本的换电定价方案；④ 基于固定换电成本的换电定价方案。除了基于固定换电成本的换电定价方案，其他三种换电定价方法都与发电机组调度模块中煤电发电机组的负荷率相关联。

5.1.3.1　换电站的充电策略

图 5-3 为电池的集中式充电（C1）和分散式充电（C2）。电动出租车司机响应新换电价格后形成新的换电需求。根据调查，电池需要充电两个小时。t 时刻交换电池的数目不应超过换电站内满充电池的数量，而满充电池的数量等于 $t-1$ 时刻交换后满充电池的数量加上 $t-2$ 时刻新充电池的数量。集中式充电策略下，换电站在峰谷分时用电价格的谷段为所有空电池充电，平段仅为交换电池充电，峰段不进行充电。一辆电动出租车配备一套四个电池，一个充电机一次只能为一套电池充电。因此，t 时刻新充电电池数量不应超过可用充电机数量的四倍，即等于充电机数量的四倍减去 $t-1$ 时刻正在充电电池的数量加上新充电 $t-2$ 时刻电池数量。因此，可以根据以上计算确定 t 时刻正在充电的电池数量。和集中式充电策略不同，在分散式充电策略下换电站不考虑时间的因素仅为交换电池进行充电。

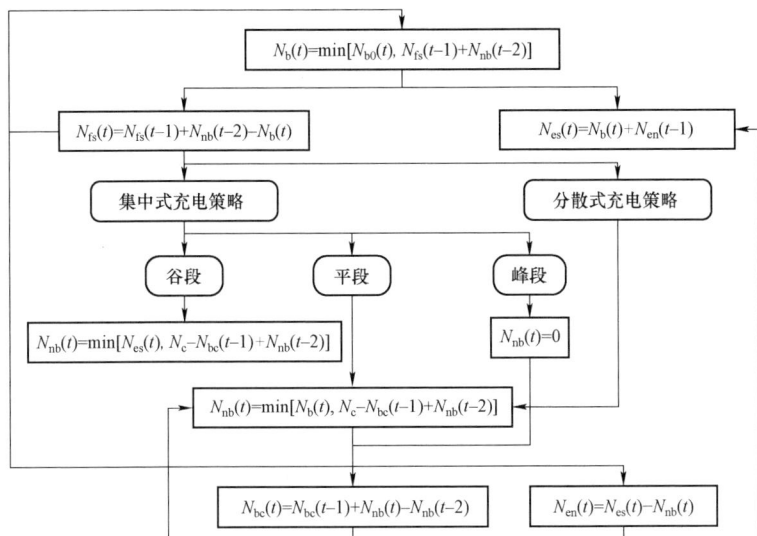

图 5-3 集中式和分散式充电策略的流程图

图中，$N_b(t)$——t 时刻已交换电池的数量，个；

$N_{b0}(t)$——初始交换电池的数量，个；

$N_{fs}(t)$——交换后满充电池数量，个；

$N_{nb}(t)$——新充电电池数量，个；

$N_{es}(t)$——交换后空电池的数量，个；

$N_{en}(t)$——没有充电的空电池数量，个；

N_c——充电机的数量，个；

$N_{bc}(t)$——正在充电的电池数量，个。

5.1.3.2 换电定价情景

情景一（S1）：基于峰谷分时电价的换电定价方案。

图 5-4 为情景一的换电定价存量流量图。

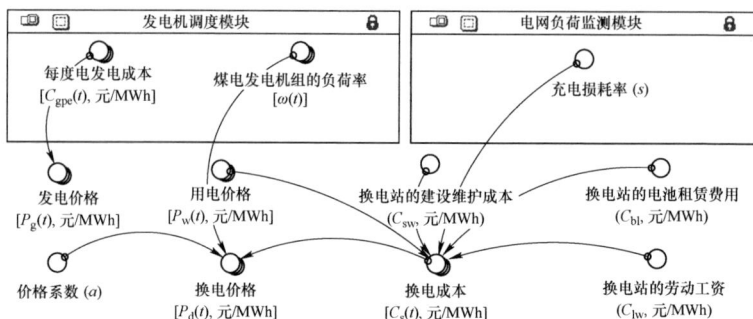

图 5-4　基于峰谷分时电价的换电定价方案的存量流量图

该情景中，发电价格等于发电机调度模块中每度电发电成本 [式（5-24）]。换电站的用电价格是表 5-6 的峰谷分时电价。为了保证换电站有利可图，式（5-25）中的换电成本考虑了充电损耗率、建设维护成本、电池租赁费、劳动工资。考虑到已经对电动汽车购买者实行了价格补贴，因此不再考虑对换电价格进行政府补贴。为了达到节能减排的效果，式（5-26）中换电价格的制定与发电机组调度模块的煤电发电机组的负荷率相关。价格系数的值是一个大于零的常量，并通过图 5-7 中 a 对不同换电定价情景碳减排量以及各参与方收益的影响的测试来确定。

情景一的换电定价如下

$$P_{1g}(t) = C_{gpe}(t) \qquad (5-24)$$

$$C_{1s}(t) = \frac{P_{1w}(t)}{1-s} + C_{sw} + C_{bl} + C_{lw} \qquad (5-25)$$

$$P_{1d}(t) = C_{1s}(t) \times \left[\alpha + \omega(t) \right] \qquad (5-26)$$

式中　$P_{1g}(t)$——情景一发电价格，元/MWh；

$C_{1s}(t)$——情景一换电成本，元/MWh；

$P_{1w}(t)$——情景一用电价格，元/MWh；

C_{sw}——换电站的建设维护成本，元/MWh；

C_{bl}——换电站的电池租赁费用，元/MWh；

C_{lw}——换电站的劳动工资，元/MWh；

$P_{1d}(t)$——情景一换电价格，元/MWh；

α——价格系数。

换电成本的推导过程如下

$$C_s(t) \times Q_d(t) = \frac{Q_d(t) \times P_w(t)}{1-s} + Q_d(t) \times (C_{sw} + C_{bl} + C_{lw}) \Rightarrow$$

$$C_s(t) = \frac{P_w(t)}{1-s} + C_{sw} + C_{bl} + C_{lw}$$

$$(5-27)$$

情景二（S2）：基于谷－平换电成本的换电定价方案。

与情景一不同的是，情景二的换电价格是根据情景二换电成本的谷段换电成本和平段换电成本以及煤电发电机组的负荷率和价格系数确定的如式（5-28）所示。

$$P_{2d}(t) = C_{2sv} + (C_{2sa} - C_{2sv}) \times [\alpha + \omega(t)] \qquad (5-28)$$

式中　$P_{2d}(t)$——情景二换电价格，元/MWh；

$C_{2s}(t)$——情景二换电成本，元/MWh；

C_{2sv}——情景二谷段换电成本，元/MWh；

C_{2sa}——情景二平段换电成本，元/MWh。

情景三（S3）：基于平－峰换电成本的换电定价方案。

与情景二不同的是，情景三的换电价格与情景二换电成本的平段换电成本和峰段换电成本以及煤电发电机组的负荷率和价格系数相关。

$$P_{3d}(t) = C_{3sa} + (C_{3sp} - C_{3sa}) \times [\alpha + \omega(t)] \qquad (5-29)$$

式中　$P_{3d}(t)$——情景三换电价格，元/MWh；

$C_{3s}(t)$——情景三换电成本，元/MWh；

C_{3sa}——情景三平段换电成本，元/MWh；

C_{3sp}——情景三峰段换电成本，元/MWh。

情景四（S4）：基于固定换电成本的换电定价方案。

与情景一、情景二和情景三不同的是情景四的换电价格是一个常数与换电成本的谷段换电成本、平段换电成本和峰段换电成本以及价格系数相关

$$P_{4d}(t) = (C_{4sv} + C_{4sa} + C_{4sp})/3 \times \alpha \qquad (5-30)$$

式中　$P_{4d}(t)$——情景四换电价格，元/MWh；

　　　$C_{4s}(t)$——情景四换电成本，元/MWh；

　　　C_{4sv}——情景四谷段换电成本，元/MWh；

　　　C_{4sa}——情景四平段换电成本，元/MWh；

　　　C_{4sp}——情景四峰段换电成本，元/MWh。

5.1.4　电动出租车司机响应模块

图 5-5 显示电动出租车司机响应模块中各变量之间的关系，其中需要引用换电站运营模块中换电价格和前一天换电价格的数据。为模拟电动出租车司机对新实时换电价格的响应，该模块设置了换电弹性系数以及换电转移率，其中换电转移率包括水平、垂直和满意转移率。这三种转移率分别代表新换电价格与平均换电价格、前一天换电价格和电动汽车司机可接受换电电价之间的对比 [式（5-31）～式（5-33）]。换电转移率通过将三种转移率相乘所得 [式（5-34）]。根据 e、λ 和前一天交换电池电动出租车的数量模拟电动出租车司机响应新实时换电价格后交换电池电动出租车数量的初始变化 [式（5-35）]。根据新换电需求，换

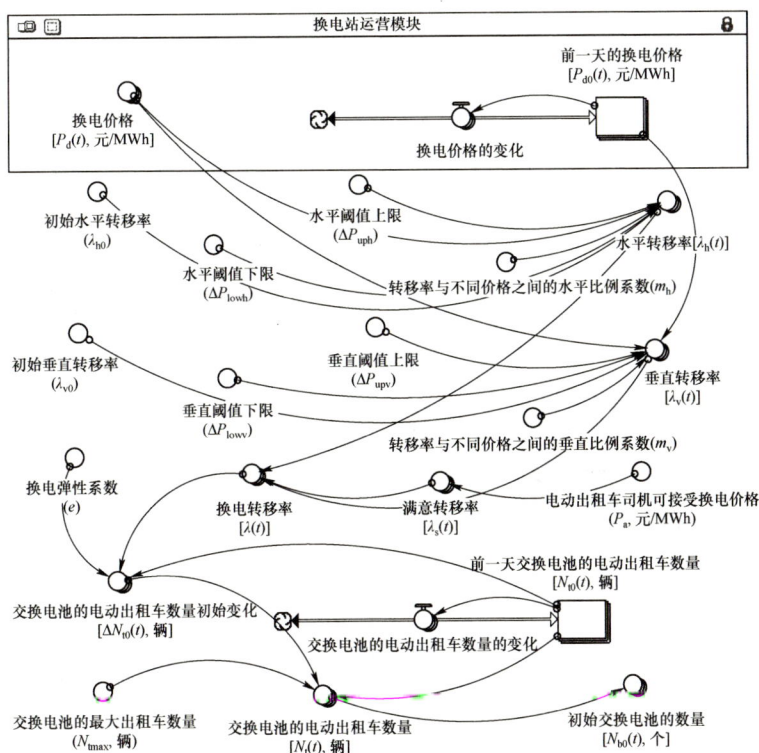

图 5-5　电动出租车司机响应模块的存量流量图

电站运营模块安排站内电池的交换和充电，并形成电力电网负荷监测模块中新的换电站负荷。

该模块的计算公式如下

$$\lambda_h(t) = \begin{cases} 0, & \left| P_d(t) - \text{MEAN}\left[P_d(t)\right] \right| \leqslant \Delta P_{\text{lowh}} \\ m_h\left\{ P_d(t) - \text{MEAN}\left[P_d(t)\right] \right\}, & \Delta P_{\text{lowh}} < \left| P_d(t) - \text{MEAN}\left[P_d(t)\right] \right| \leqslant \Delta P_{\text{uph}} \\ \dfrac{\lambda_{h0}\left\{ P_d(t) - \text{MEAN}\left[P_d(t)\right] \right\}}{\left| P_d(t) - \text{MEAN}\left[P_d(t)\right] \right|}, & \Delta P_{\text{uph}} < \left| P_d(t) - \text{MEAN}\left[P_d(t)\right] \right| \end{cases}$$

$$(5-31)$$

$$\lambda_v(t) = \begin{cases} 1/5, & \left| P_d(t) - P_{d0}(t) \right| \leqslant \Delta P_{lowv} \\ m_v \left| P_d(t) - P_{d0}(t) \right|, & \Delta P_{lowv} < \left| P_d(t) - P_{d0}(t) \right| \leqslant \Delta P_{upv} \\ \lambda_{v0}, & \Delta P_{upv} < \left| P_d(t) - P_{d0}(t) \right| \end{cases}$$

$$(5-32)$$

$$\lambda_s(t) = P_a / P_d(t) \qquad (5-33)$$

$$\lambda(t) = \lambda_h(t) \times \lambda_v(t) \times \lambda_s(t) \qquad (5-34)$$

$$\Delta N_{t0}(t) = -\left\{ \lambda(t) \times e \times \text{MEAN}\left[N_{t0}(t) \right] \right\} \qquad (5-35)$$

式中　$\lambda_h(t)$——水平转移率；

ΔP_{lowh}——水平阈值下限；

m_h——转移率与不同价格之间的水平比例系数；

ΔP_{uph}——水平阈值上限；

λ_{h0}——初始水平转移率；

$\lambda_v(t)$——垂直转移率；

$P_{d0}(t)$——前一天的换电价格，元/MWh；

ΔP_{lowv}——垂直阈值下限；

m_v——转移率与不同价格之间的垂直比例系数；

ΔP_{upv}——垂直阈值上限；

λ_{v0}——初始垂直转移率；

$\lambda_s(t)$——满意转移率；

P_a——电动出租车司机可接受换电价格，元/MWh；

$\lambda(t)$——换电转移率；

$\Delta N_{t0}(t)$——交换电池的电动出租车数量初始变化，辆；

e——换电弹性系数；

$N_{t0}(t)$——前一天交换电池的电动出租车数量，辆。

当模型运行到此处证明一天的基本计算已经完成。新换电电动出租车的数量[$N_t(t)$]应大于零并不超过换电电动出租车的最大数量（N_{tmax}）[式（5-36）]。

$$N_t(t) = \begin{cases} 0, & \Delta N_{t0}(t) + N_{t0}(t) \leqslant 0 \\ \Delta N_{t0}(t) + N_{t0}(t), & 0 < \Delta N_{t0}(t) + N_{t0}(t) \leqslant N_{tmax} \quad (5-36) \\ N_{tmax}, & N_{tmax} < \Delta N_{t0}(t) + N_{t0}(t) \end{cases}$$

式中　$N_t(t)$——交换电池的电动出租车数量，辆；

　　　N_{tmax}——交换电池的最大出租车数量，辆。

初始交换电池数量的计算如式（6-37）所示，并用于换电站运营模块。

$$N_{b0}(t) = N_t(t) \times 4 \qquad (5-37)$$

5.1.5　各参与方利益评估模块

换电定价的利益链包括三个参与方。电能从电力系统转移到换电站，最终传输到电动出租车上。这个过程中不仅成本在累加，电量也在变化。各参与方利益评估模块用来评估换电定价方案的经济效应，其存量流量图如图 5-6 所示。

$P_g(t)$、$P_w(t)$、$C_s(t)$ 和 $P_d(t)$ 为新一阶段的发电成本、换电站用电价格、换电成本和换电价格。因此，该模块使用前一天发电成本、用电价格、换电成本和换电价格来计算每个参与方的收益[式（5-38）和式（5-40）]。一天内各参与方的综合利益是电力系统、换电站和电动出租车司机的收益总和 [式（5-41）]。该模块的公式如下

$$B_p = \mathrm{SUM}\left[P_{w0}(t) \times Q_s(t) - P_{g0}(t) \times Q_s'(t)\right] \qquad (5-38)$$

$$B_s = \mathrm{SUM}\left\{\left[P_{d0}(t) - C_{s0}(t)\right] \times Q_d(t)\right\} \qquad (5-39)$$

$$B_d = \mathrm{SUM}\left\{\left[P_a - P_{d0}(t)\right] \times Q_d(t)\right\} \qquad (5-40)$$

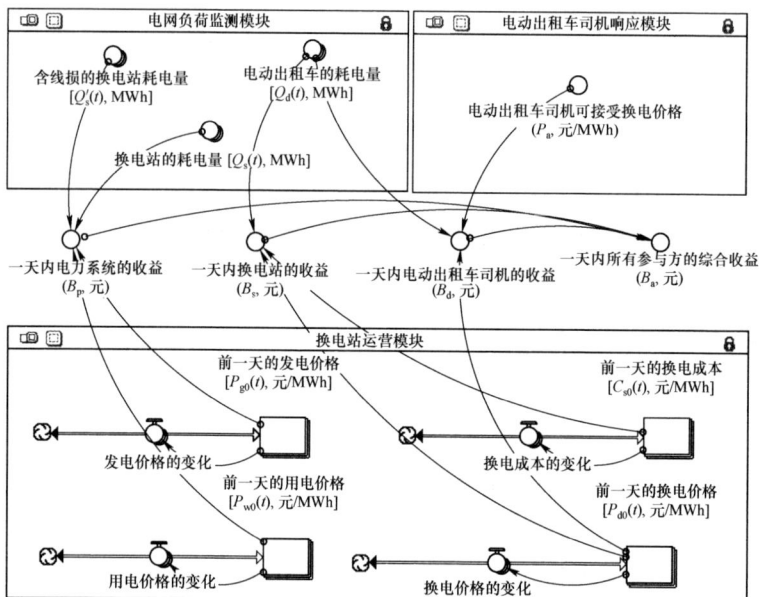

图 5-6 各参与方利益评估模块的存量流量图

$$B_a = B_p + B_s + B_d \qquad (5-41)$$

式中　B_p——一天内电力系统的收益，元；

　　　$P_{w0}(t)$——前一天的用电价格，元/MWh；

　　　$P_{g0}(t)$——前一天的发电价格，元/MWh；

　　　B_s——一天内换电站的收益，元；

　　　$P_{d0}(t)$——前一天的换电价格，元；

　　　$C_{s0}(t)$——前一天的换电成本，元；

　　　B_d——一天内电动出租车司机的收益，元；

　　　B_a——一天内所有参与方的综合收益，元。

5.2　系数设置与结果分析

5.2.1　模型系数的设置

以海口市为算例。表 5-1 为换电站的初始充电电池数量以及交换电池电动出租车的初始数量。表 5-2 为该城市含线损的常规负荷。表 5-3 显示煤电是电力的主要动力源。发电技术每度电发电成本和碳排放来源于张兴平等（2016 年），褚景春等（2009 年）和聂襞等（2015 年）的研究。表 5-4 为风电和光伏发电 24 小时利用率，其中风电利用率来源于宋艺航（2014 年）的研究。根据《常规燃煤发电机组单位产品能源消耗限额》，表 5-5 中煤电发电机组的负荷率修正系数与其负荷率相关。根据中国海口政府发布的《海南电网电价说明》，换电站的用电价格如表 5-6 所示的大工业

表 5-1　　　　换电站中初始充电电池数量和
交换电池电动出租车的初始数量

时刻	$N_{bc0}(t)$	$N_{t0}(t)$	时刻	$N_{bc0}(t)$	$N_{t0}(t)$	时刻	$N_{bc0}(t)$	$N_{t0}(t)$
0	60	15	8	100	25	16	460	70
1	80	5	9	300	50	17	560	70
2	20	0	10	520	80	18	500	55
3	60	15	11	700	95	19	580	90
4	60	0	12	480	25	20	580	55
5	0	0	13	440	85	21	380	40
6	0	0	14	580	60	22	320	40
7	0	0	15	420	45	23	400	60

用电的峰谷分时电价，此外换电站可免除基本电价。表 5-7 其他系数根据太阳能电动汽车网、《2014 年中国电力年鉴》和张兴平等（2016 年）的研究所设定。表 5-1~表 5-7 中没有标明来源的数值根据作者调研所得。

表 5-2　　　　24 小时含线损的常规负荷

时刻	$F_0(t)$ (MW)	时刻	$F_0(t)$ (MW)	时刻	$F_0(t)$ (MW)	时刻	$F_0(t)$ (MW)	时刻	$F_0(t)$ (MW)	时刻	$F_0(t)$ (MW)
0	529.52	4	423.46	8	545.04	12	698.48	16	707.67	20	659.72
1	475.82	5	415.83	9	666.07	13	680.73	17	687.59	21	633.48
2	453.71	6	442.35	10	706.62	14	700.39	18	693.25	22	557.66
3	434.24	7	481.21	11	718.5	15	710.02	19	681.72	23	698.48

表 5-3　　　　发电机组的调度

发电技术	风电	光伏发电	水电	气电	煤电
I_i（MW）	47	34	188	113	428
c_i（元/MWh）	80 [a]	850 [b]	120 [a]	320 [a]	300 [a]
e_i（kg/MWh）	0	0	0	413 [c]	811 [c]

数据来源：a《考虑减排成本的综合资源规划模型与实证研究》（褚景春等，2009 年）；
　　　　　b《考虑环境成本的燃煤发电与光伏发电成本比较研究》（聂龑等，2015 年）；
　　　　　c《电动出租车充电行为分析及综合效益跨区域对比》（张兴平等，2016 年）。

表 5-4　　　　风电和光伏发电 24 小时利用率

时刻	$\beta_w(t)$	$\beta_p(t)$	时刻	$\beta_w(t)$	$\beta_p(t)$	时刻	$\beta_w(t)$	$\beta_p(t)$	时刻	$\beta_w(t)$	$\beta_p(t)$
0	0.41	0	6	0.49	0.03	12	0.23	0.79	18	0.18	0.04
1	0.59	0	7	0.41	0.16	13	0.16	0.75	19	0.16	0
2	0.71	0	8	0.22	0.40	14	0.28	0.54	20	0.18	0
3	0.84	0	9	0.15	0.56	15	0.35	0.46	21	0.29	0
4	0.69	0	10	0.09	0.63	16	0.29	0.37	22	0.36	0
5	0.57	0	11	0.22	0.80	17	0.25	0.15	23	0.46	0

注　$\beta_w(t)$ 数据来源于《中国电力资源跨区域优化配置模型研究》（宋艺航，2014 年）的研究。

表 5-5 煤电机组的负荷率修正系数

负荷率	负荷率修正系数值
$\omega(t) \geqslant 85\%$	$\mu(t)=1.0$
$75\% \leqslant \omega(t) < 85\%$	$\mu(t)=1.015$
$0 \leqslant \omega(t) < 75\%$	当 $\omega(t)$ 减少 5%，$\mu(t)$ 将被修正为其原值乘以 1.015

数据来源：《常规燃煤发电机组单位产品能源消耗限额》。

表 5-6 24 个小时的峰谷分时电价

时间	峰段	平段	谷段
时段	10:00—12:00 16:00—22:00	7:00—10:00 12:00—16:00 22:00—23:00	23:00—次日 7:00
用电价格 $P_w(t)$ （元/MWh）	1095	679	359

数据来源：中国海口政府发布的《海南电网电价说明》。

表 5-7 主 要 参 数

变量名	参数	类型	定义	单位
24 个时刻	t	—	1, 2, 3, …, 24	—
单个电池充电功率	$p_{bc}(t)$	◯	0.003 23	MW
前一天的充电电池数量	$N_{bc0}(t)$	▢	表 5-1	个
电池的充电功率	$P_{bc}(t)$	◑	式（5-1）	MW
电动出租车的耗电量	$Q_d(t)$	◑	式（5-2）	MWh
一天内电动出租车的耗电量	Q_{ds}	◯	式（5-3）	MWh
充电损耗率	s	◯	17%[a]	—
换电站的耗电量	$Q_s(t)$	◑	式（5-4）	MWh
线损率	η	◯	6.68%[b]	—
含线损的换电站负荷	$F_s'(t)$	◑	式（5-5）	MW
含线损的换电站耗电量	$Q_s'(t)$	◑	式（5-6）	MWh

变量名	参数	类型	定义	单位
含线损的常规负荷	$F_o(t)$	◑	表 5-2	MW
含线损的电网负荷	$F(t)$	◑	式（5-7）	MW
含线损的电网耗电量	$Q(t)$	◑	式（5-8）	MWh
发电技术集合	V	—	$\{i|w, p, h, g, c\}$	—
发电技术 i 的装机容量	I_i	◑	表 5-3	MW
风电利用率	β_w	◑	表 5-4	—
光伏发电利用率	β_p	◑	表 5-4	—
发电技术 i 的有效发电功率	$I_i(t)$	◑	式（5-9）	MW
发电技术 i 的发电功率	$G_i(t)$	◑	式（5-10）~ 式（5-14）	MW
发电技术 i 每度电发电成本	c_i	◑	表 5-3	元/MWh
发电成本	$C_g(t)$	◑	式（5-15）	元
发电技术 i 每度电发电碳排放量	e_i	◑	表 5-3	kg/MWh
发电碳排放量	$E_g(t)$	◑	式（5-16）	kg
每度电发电成本	$C_{gpe}(t)$	◑	式（5-17）	元/MWh
每度电发电碳排放量	$E_{gpe}(t)$	◑	式（5-18）	kg/MWh
一天内电动出租车的发电碳排放量	E_{ev}	○	式（5-19）	kg
每公里耗电量	q	○	0.000 152	MWh/km
每公里油耗量	f	○	0.08 [c]	L/km
汽油的碳排放系数	e_o	○	2.135 [c]	kg/L
一天内燃油出租车碳排放量	E_{gv}	○	式（5-20）	kg
碳减排量	E_r	○	式（5-21）	kg

变量名	参数	类型	定义	单位
煤电发电机组的负荷率	$\omega(t)$	◐	式（5-22）	—
每度电供电标准煤耗	s_c	○	0.32	gce/MWh
负荷率修正系数	$\mu(t)$	◐	表5-5	—
每度电供电煤耗	$S_c(t)$	◐	式（5-23）	gce/MWh
初始交换电池的数量	$N_{b0}(t)$	◐	式（5-37）	个
前一天23点交换后满充电池数量	$N_{fs0}(23)$	▢	1100	个
前一天22点新充电池数量	$N_{nb0}(22)$	▢	160	个
t 时刻交换电池的数量	$N_b(t)$	○	图5-3	个
交换后满充电池数量	$N_{fs}(t)$	○	图5-3	个
前一天 23 点没有充电的空电池数量	$N_{en0}(23)$	▢	240	个
交换后空电池的数量	$N_{es}(t)$	◐	图5-3	个
充电机的数量	N_c	○	375	个
前一天23点正在充电的电池数量	$N_{bc0}(23)$	▢	400	个
新充电电池数量	$N_{nb}(t)$	○	图5-3	个
正在充电的电池数量	$N_{bc}(t)$	○	图5-3	个
没有充电的空电池数量	$N_{en}(t)$	○	图5-3	个
发电价格	$P_g(t)$	◐	式（5-24）	元/MWh
用电价格	$P_w(t)$	◐	表5-6	元/MWh
换电站的建设维护成本	C_{sw}	○	509	元/MWh
换电站的电池租赁费用	C_{bl}	○	1750	元/MWh
换电站的劳动工资	C_{lw}	○	172	元/MWh
换电成本	$C_s(t)$	◐	式（5-25）	元/MWh

变量名	参数	类型	定义	单位
价格系数	a	◯	0	—
换电价格	$P_d(t)$	◑	式（5−26）、 式（5−28）～ 式（5−30）	元/MWh
谷段换电成本	C_{sv}	◑	式（5−25）	元/MWh
平段换电成本	C_{sa}	◑	式（5−25）	元/MWh
峰段换电成本	C_{sp}	◑	式（5−25）	元/MWh
水平阈值下限	ΔP_{lowh}	◯	60	—
转移率与不同价格之间的水平比例系数	m_h	◯	0.001	—
水平阈值上限	ΔP_{uph}	◯	600	—
初始水平转移率	λ_{h0}	◯	0.6	—
水平转移率	$\lambda_h(t)$	◑	式（5−31）	—
前一天的换电价格	$P_{d0}(t)$	◯	3947	元/MWh
垂直阈值下限	ΔP_{lowv}	◯	500	—
转移率与不同价格之间的垂直比例系数	m_v	◯	0.002	—
垂直阈值上限	ΔP_{upv}	◯	700	—
初始垂直转移率	λ_{v0}	◯	1.5	—
垂直转移率	$\lambda_v(t)$	◑	式（5−32）	—
电动出租车司机可接受换电价格	P_a	◯	3840	元/MWh
满意转移率	$\lambda_s(t)$	◑	式（5−33）	—
换电转移率	$\lambda(t)$	◑	式（5−34）	—
换电弹性系数	e	◯	1.5	—

续表

变量名	参数	类型	定义	单位
前一天交换电池的电动出租车数量	$N_{t0}(t)$	▢	表 5-1	辆
交换电池的电动出租车数量初始变化	$\Delta N_{t0}(t)$	◖	式（5-35）	辆
交换电池的最大出租车数量	N_{tmax}	○	210	辆
交换电池的电动出租车数量	$N_t(t)$	◖	式（5-36）	辆
前一天的发电价格	$P_{g0}(t)$	▢	500	元/MWh
前一天的用电价格	$P_{w0}(t)$	▢	表 5-6	元/MWh
前一天的换电成本	$C_{s0}(t)$	▢	3288	元/MWh
前一天的换电价格	$P_{d0}(t)$	▢	3947	元/MWh
一天内电力系统的收益	B_p	○	式（5-38）	元
一天内换电站的收益	B_s	○	式（5-39）	元
一天内电动出租车司机的收益	B_d	○	式（5-40）	元
一天内所有参与方的综合收益	B_a	○	式（5-41）	元

数据来源：a 太阳能电动汽车网；

　　　　　b《2014 年中国电力年鉴》；

　　　　　c《电动出租车充电行为分析及综合效益跨区域对比》（张兴平等，2016 年）。

图 5-7 测试 α 对不同换电定价情景碳减排量以及各参与方收益的影响。

首先，为了平衡电力系统、换电站和电动出租车司机之间的收益，α 的值应该使得三者都有利可图；第二，还应该能实现最高的碳减排以及获得对各参与方最大的综合利益；第三，为了鼓励电动出租车的推广，需要选择一个能使电动出租车司机获利最高的 α 值。因此，C1S1、C2S1、C1S2、C2S2、C1S3、C2S3、C1S4 和 C2S4 的值分别是 0.91、0.68、0、0、0、0.03、1 和 1.06。

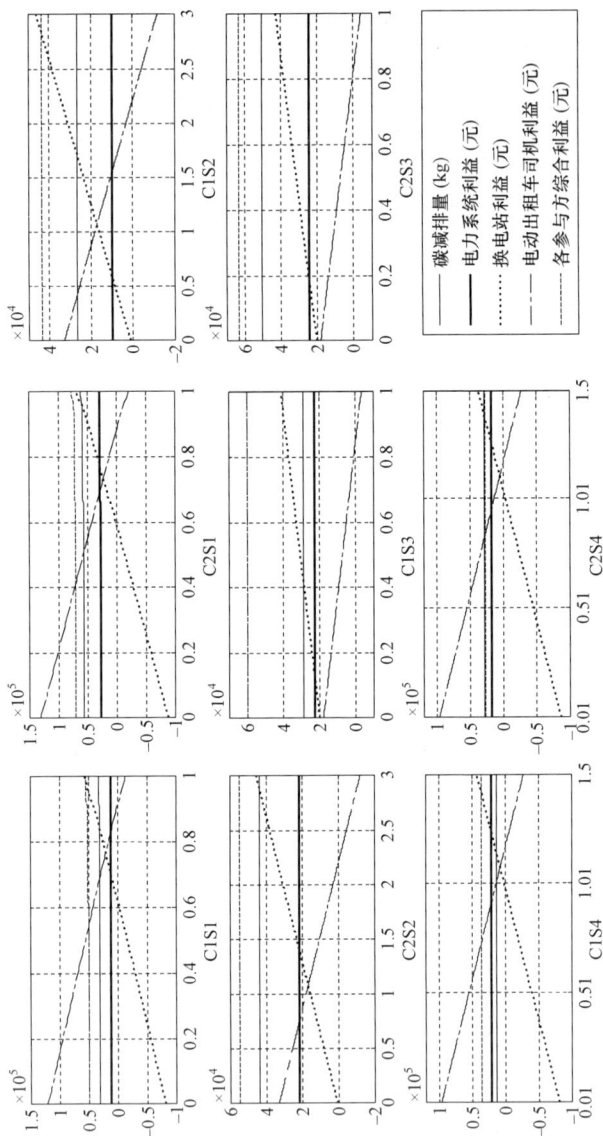

图 5-7 α 对不同换电定价情景的影响

图例：
- 碳减排量 (kg)
- 电力系统利益 (元)
- 换电站利益 (元)
- 电动出租车司机利益 (元)
- 各参与方综合利益 (元)

5.2.2　结果分析

通过实时换电价格与用户可接受电价以及换电成本的对比反映了不同情景下的换电价格的水平。换电站负荷与风电和光电利用率的对比可以显示不同情景下换电站对可再生能源的消纳情况。电网负荷与各发电技术的装机容量对比显示电网各个时刻的电源结构。最后模拟四个换电定价情景下两种充电策略的能源效率和经济效应。

5.2.2.1　实时换电价格

图 5-8 为 150 天后换电价格的状态。其中 S1、S2 和 S3 中实时换电价格的形状和煤电发电机组的负荷率相关，而初始情景（S0）和 S4 的换电价格是固定的。S2、S3 和 S4 的换电价格低于用户可接受换电价格（P_a），然而 S0 高于 P_a 的换电价格却会使电

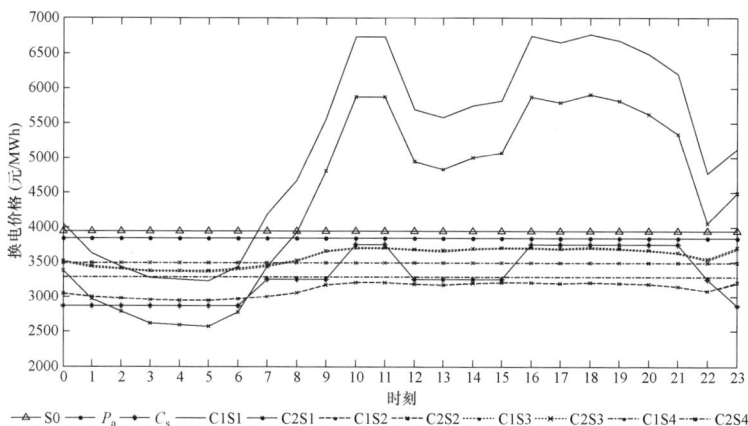

图 5-8　实时换电价格

注：P_a 和 C_s 分别表示用户可接受换电价格和换电成本。

动出租车司机遭受更多的经济损失。S1 的换电价格在 P_a 的附近波动。此外，除了 C1S2 和 C2S2，所有情景的换电价格明显高于其换电成本。

5.2.2.2　换电站负荷

图 5-9 为不同情景下含线损换电站负荷的状态，其中 C2S1 在 22 点以及 23 点各产生了一个新的电网高峰，S4 中换电站负荷相对其初始负荷几乎没有发生变化。谷时段是从 23 点到第二天的 7 点，而峰时段则是从 10 点到 12 点以及从 16 点到 22 点，由此可知 S1、S2 和 S3 具有较好的负荷转移效果。此外，图 5-9 还显示风电利用率相对光伏发电利用率更能与 S1、S2 和 S3 中换电站的负荷形状相吻合。因此，可以推断 S1、S2 和 S3 的实时换电价格有助于促进风电的利用。

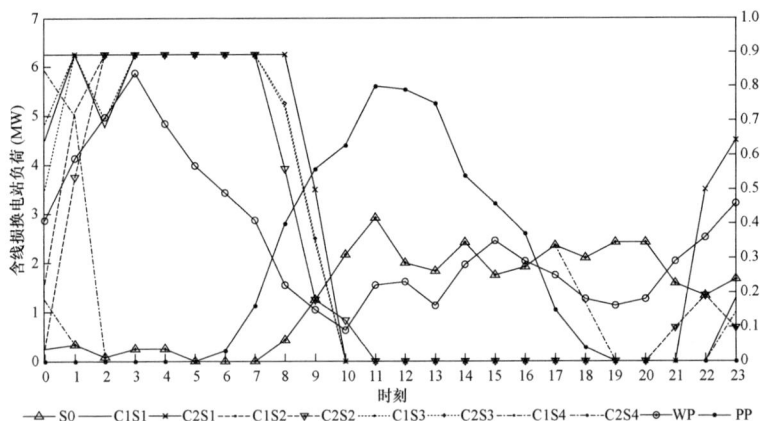

图 5-9　含线损换电站负荷

注：WP 和 PP 分别表示风电和光伏发电利用率。

5.2.2.3 电网负荷

图 5-10 为不同情景下电网负荷的状态。S4 中电网负荷几乎没有发生负荷转移，相反 S1、S2 和 S3 都减少了电网初始负荷的峰谷差。从图 5-10 还可以看出由于电动出租车极小的换电需求，换电站负荷不高，导致其对电网负荷的影响较小。由于电动汽车的使用具有规模经济，换电定价机制的合理设计以及电动汽车的大规模发展对减小电网峰谷差至关重要。此外，从图 5-10 还可以看出可再生能源的发电量非常低，尤其是风电和光伏发电的发电量，相反煤电提供超过一半的发电量。此外，电能的动力来源会影响电动汽车的环境性能。Nathaniel S.Pearre 等（2016 年）的研究表明，利用可再生能源发电为电动汽车充电是可行的。根据图 5-9 可知，风电利用率与换电站负荷的变化规律较为吻合。因此，为确保电动出租车的环保性，政府应该鼓励更多的可再生能源接入到电力系统当中，尤其是风能。

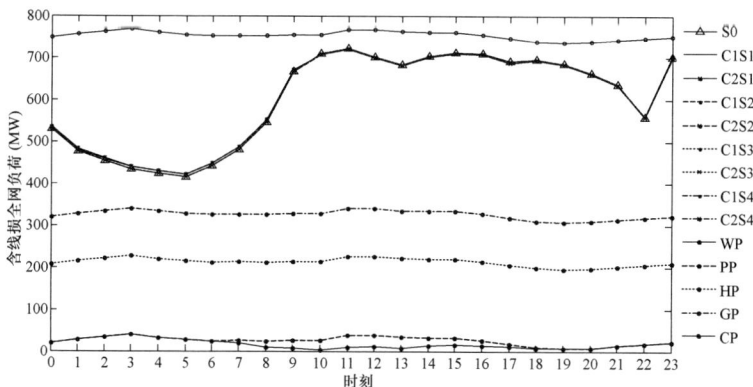

图 5-10 含线损的电网负荷

注：WP、PP、HP、GP 和 CP 分别代表风电、光伏发电、
水电、气电和煤电的装机容量。

5.2.2.4　每度电供电煤耗

图 5-11 中所有换电定价情景下每度电的供电煤耗都在 0.32gce/MWh 和 0.38gce/MWh 之间变化。其中 C1S1、C2S1、C1S3 和 C1S4 在 0 点的每度电供电煤耗从 0.36gce/MWh 下降到 0.35gce/MWh。这说明 C1S1、C2S1、C1S3 和 C1S4 相对其他情景具有更好的节能效应。然而由于图 5-10 中煤电极高的发电量以及电动出租车极小的发展规模，导致图 5-11 中四个换电定价情景的节能效益不明显。

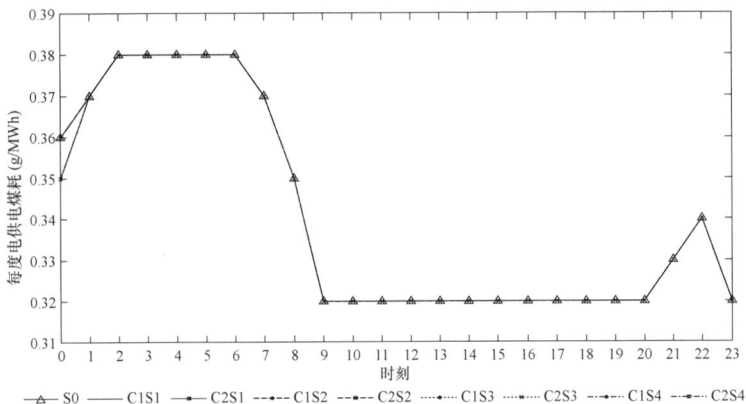

图 5-11　每度电供电煤耗

5.2.2.5　电动出租车碳减排量

图 5-12 显示情景一、情景二、情景三和情景四的碳减排量都高于初始情景。碳减排量的排序为 C2S1＞C2S3＞C2S2＞C1S1＞C1S3＞C2S4＞C1S2＞C1S4＞S0。C2S1 的碳减排量最高，比初始情景多了 45 371.15kg。C2 比 C1 的碳减排量高。

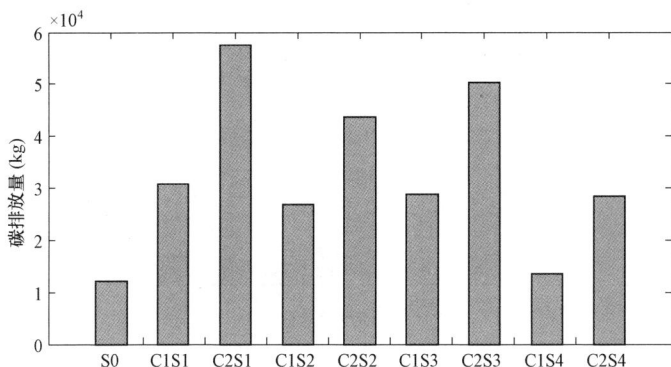

图 5－12　碳减排量

5.2.2.6　各参与方利益

换电定价机制应该可以平衡各参与方之间的收益，因此需要研究各个情景下各参与方包括电力系统、换电站以及电动出租车司机的收益。从图 5－13 可知，电力系统收益排序为 C2S1＞C2S3＞C1S3＞C2S2＞C1S4＞C2S4＞C1S1＞S0＞C1S2。除了 C1S2，所有情景发电厂的收益都高于初始情景。C2S1 电力系统的收益最高。换电站收益的排序为 C1S1＞C2S3＞C1S3＞S0＞C2S1＞C1S2＞C1S4＞C2S2＞C2S4，这说明了 C1S1、C2S3 和 C1S3 中换电站都比初始情景更高。电动出租车司机的收益排序为 C1S2＞C2S2＞C2S1＞C1S3＞C2S3＞C1S4＞C2S4＞C1S1＞S0。各个情景下电动出租车司机的收益都高于初始情景，其中 C1S2 电动出租车司机的收益是最高的。虽然 S2 中电动出租车司机的收益是比其他情景都要高，但其换电站的收益却很低。结合图 5－8 的分析，越高的换电价格就会导致电动出租车司机越低的收益。当前，电动出租车使用的规模还不够大，中国政府应该适当增加电动出租车司机的收益以刺激用户响应。如果电动出租车

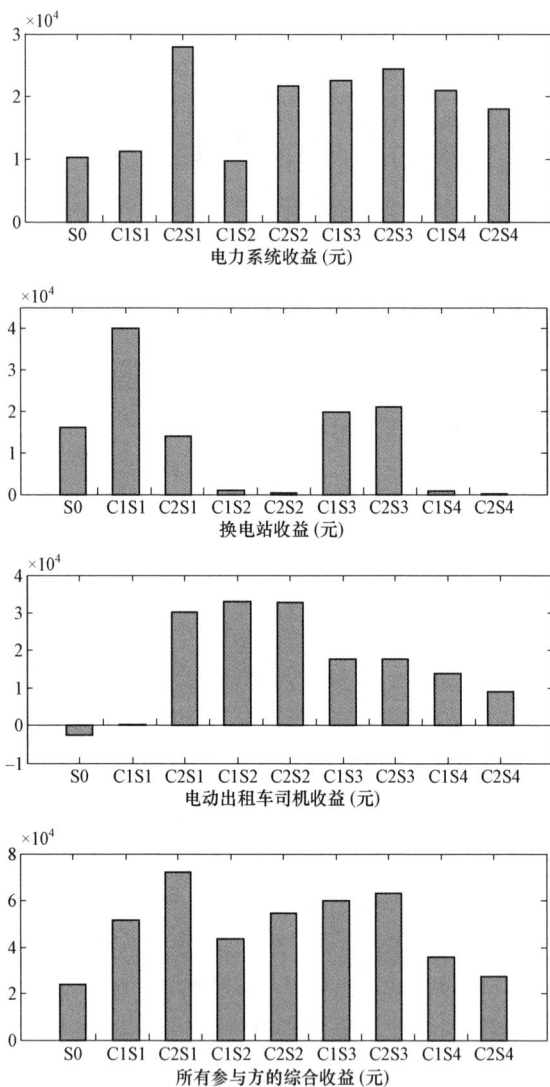

图 5-13　一天内各参与方的收益

司机的收益能够得到保证，他们就会更有效地响应实时换电价格，从而增加电动出租车的使用。各参与方综合收益对换电价格的经济评估很重要。图 5-13 中各参与方的综合收益的顺序为 C2S1>C2S3>C1S3>C2S2>C1S1>C1S2>C1S4>C2S4>S0。四个换电情景的各参与方综合收益都大于初始情景，其中 C2S1 各参与方综合收益是最高的，比初始情景高出 48 220.86 元。

5.2.2.7　仿真结果总结

根据图 5-8~图 5-11 的仿真结果，可以作出以下总结：① 情景二的换电价格更适用于电动出租车，而 C1S1 的换电价格对换电站最有利；② 情景一、情景二和情景三的负荷转移效果比初始情景和情景四要好，同时能够提高换电站的风电利用率；③ 由于目前电动汽车规模较小，各个情景下换电站负荷对电网的影响很小；④ C1S1、C2S1、C1S3 和 C1S4 能够实现更好的节能效应。

表 5-8　　　　　四个换电定价情景结合两种充电
策略下各项评价指标价值排序

评价指标	价值排序
碳减排量	C2S1>C2S3>C2S2>C1S1>C1S3>C2S4>C1S2>C1S4>S0
电力系统收益	C2S1>C2S3>C1S3>C2S2>C1S4>C2S4>C1S1>S0>C1S2
换电站收益	C1S1>C2S3>C1S3>S0>C2S1>C1S2>C1S4>C2S2>C2S4
电动出租车收益	C1S2>C2S2>C2S1>C1S3>C2S3>C1S4>C2S4>C1S1>S0
各参与方综合收益	C2S1>C2S3>C1S3>C2S2>C1S1>C1S2>C1S4>C2S4>S0

表 5-8 总结了图 5-8 和图 5-13 的分析结果。C2S1 的换电定价方案具有最优的碳减排效应、电力系统收益以及各参与方综合收益，C2S3 的换电定价方案次之。C1S1 换电站收益是

最大的，S2 中电动出租车司机最有利可图，C2 相对 C1 更有利于碳减排。

5.2.3 敏感性分析

敏感性分析对换电定价模型的鲁棒性进行了研究，当 e、m_h、m_v、λ_{h0} 和 λ_{v0} 在 $-10\%\sim10\%$ 之间变动时并没有改变模型的分析结果。因此，该分析充分证明了模型的鲁棒性。

根据海口政府的统计，海口常住居民的人数为 2 200 700 人。根据《城市道路交通规划设计规范》，中等城市每万人的城市出租汽车规划拥有量不应少于 5～20 辆之间。这就意味着其城市出租汽车规划拥有量最低为 1100～4401 辆之间。Guobao Ning 等（2012年）认为当电动出租车的规模足够大时，所有的参与者都能够获利。因此，有必要去测试不同车队规模的影响。图 5－14 分别显示将现有出租规模 420 辆扩大到 2.6～10.5 倍的结果以分析换电站负荷对电网负荷的影响。

从图 5－14 可知，换电站的负荷越高，电网负荷的高度就越高，这样不仅会超过现有配电基础设施的承载能力，还会损害发电机组的性能。S4 对电网负荷转移的效果并不明显几乎为零。尽管 C2S1 中原始负荷的峰谷差减少了 69.16MW，但从图 5－14（b）可知在 22 时和 23 时都产生了新的电网高峰。因此，C2S1 不适用于电动出租车大规模发展的情形。C1S1、S2 和 S3 的峰谷差比原始负荷少 96.39MW，并比 C2S1 减少了 27.23MW 的负荷峰谷差。此外，在电动出租车数量增加的情况下，S3 的负荷曲线比其他情景更加平滑。因此，当电动出租车的数量大到足够以影响电力系统的负荷时，换电定价应该更关注于其对电网峰荷转移的效果。

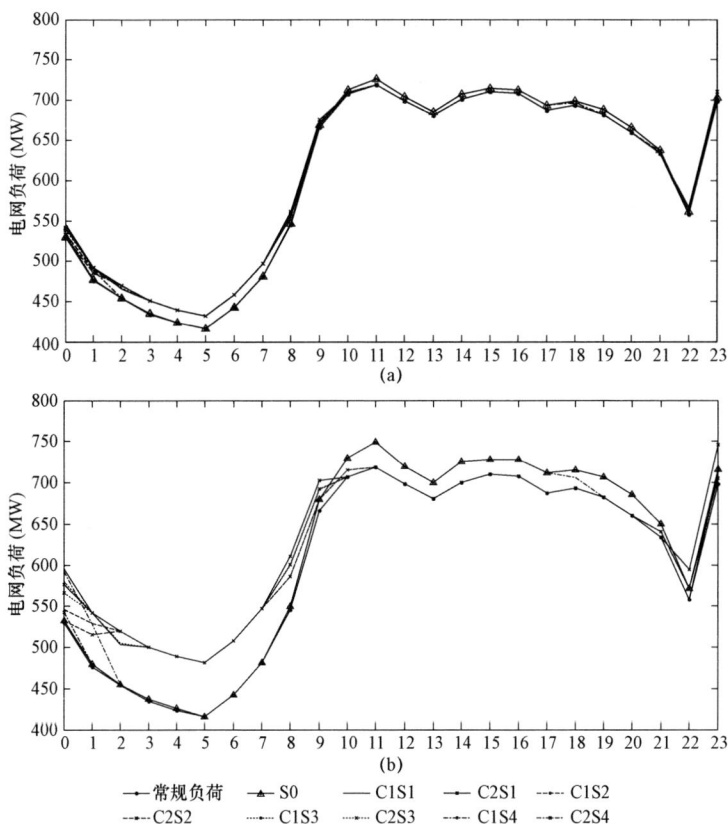

图 5－14　换电站负荷对电网负荷的影响

（a）出租车规模扩大 2.6 倍后电网的负荷情况；

（b）出租车扩大规模 10.5 倍后电网的负荷情况

本　章　小　结

本书建立了一个系统动力学模型来评估四个换电定价情景下

两种充电策略电动出租车的能源效率、碳排放量以及经济性能。该模型利用实时发电机调度模块来监测每度电碳减排量和煤耗量，并生成不同情景下相应的发电成本。四种换电定价情景的设定都与峰谷分时电价和煤电发电机组的负荷率相关，而两种充电策略主要根据在不同时刻对不同数量的电池进行充电来设计。电动出租车司机交换电池的弹性系数和三种换电转移率是为了更真实地模拟用户对不同换电价格的响应而设置的。假定参数的敏感性测试是用来证明模型的鲁棒性。此外，本书特意增加电动出租车的数量来测试换电站大充电功率对整个电网负荷的影响。

根据分析结果，基于峰谷分时电价的换电定价方法结合分散式充电策略能够将 0 点每度电供电煤耗从 0.36gce/MWh 降低到 0.35gce/MWh，并能增加 45 371.15kg 的碳减排量和 48 220.86 元的各参与方综合利益。然而，当扩大电动出租车的规模时，基于峰平换电成本的换电定价方法比结合分散式充电策略基于峰谷分时电价的换电定价方法多减少 27.23MW 的电网峰谷差。因此，根据以上结果分析针对中国地区的换电定价建议可以总结为：① 基于峰谷分时电价的换电定价方法可以与分散式充电策略结合应用；② 中国政府应该通过提供给电动出租车司机更优惠的分时电价来减少谷段电价以鼓励夜间风电的利用；③ 当电网负荷足够大时，换电价格的制定应该更注重其负荷转移的效果。

第6章
电动汽车充换电定价策略建议

根据第一章绪论中电动汽车现有支持政策综述可知，目前针对电动汽车的充换电基础设施推广政策还不完善，尤其是充换电定价政策。由于政府已出台电动汽车相关财税政策以减小电动汽车和燃油汽车的拥有成本差距，则影响电动汽车使用成本、电源清洁度以及电网负荷的充换电定价策略的研究尤为关键。由于充换电价格的制定过程涉及电力系统、运营商、用户和政府等各个参与方的利益，因此合理的充换电定价机制是协调各参与方利益以及保证电动汽车充换电服务有序进行的重要手段。本书的最终目的是根据模型的仿真结果提出能够提高电动汽车综合效益的充换电定价策略建议。

6.1　公共充电站实时充电定价策略

图6-1为公共充电站实时充电定价模型运作图。

本书利用系统动力学软件构建的实时充电定价模型能够模拟充电价格链的形成，通过输入24h电网负荷、电动汽车充电功率、电源结构、充电站用电价格等基础参数，运行模型得到四种充电定价情景下的实时充电价格、电动汽车充电负荷、发电成本和温室气体排放、各参与方利益以及充电站生命周期净收入。通过敏

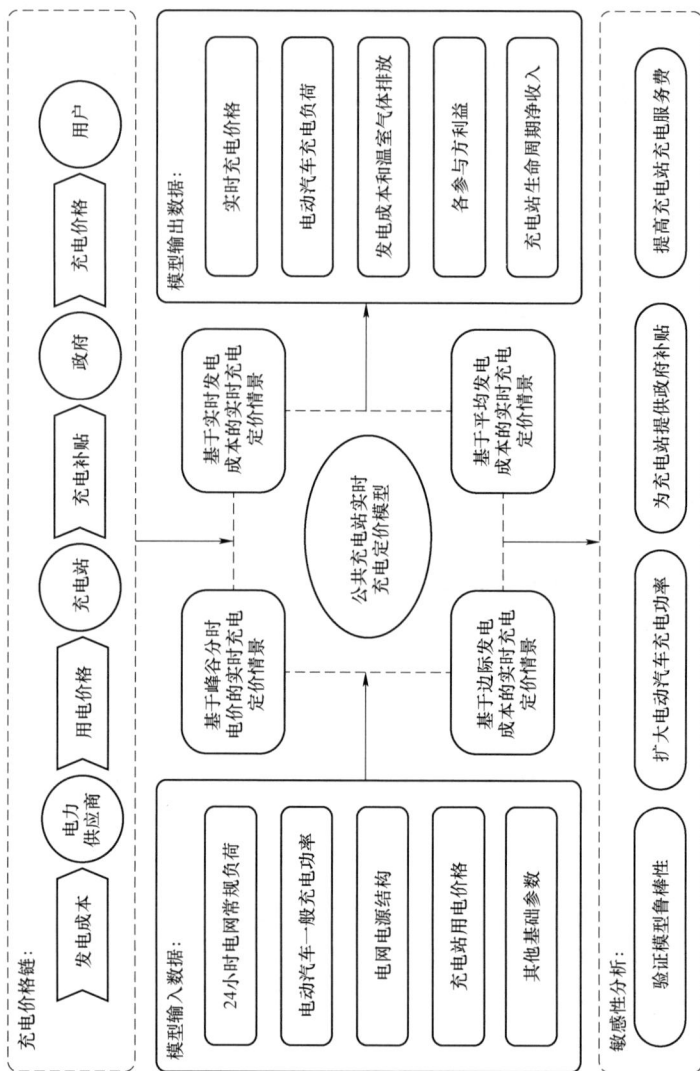

图 6-1 公共充电站实时充电定价模型运作图

感性分析验证模型的鲁棒性，并测试扩大电动汽车充电功率、提供充电站政府补贴以及提高充电站服务费等措施的效应。

根据模型运行结果可知四种实时充电定价情景下发电成本和排放差别很小。图6-2显示峰谷分时电价的实时充电定价情景下充电价格链收益以及充电站生命周期净收入最高，然而其用户收益最低。

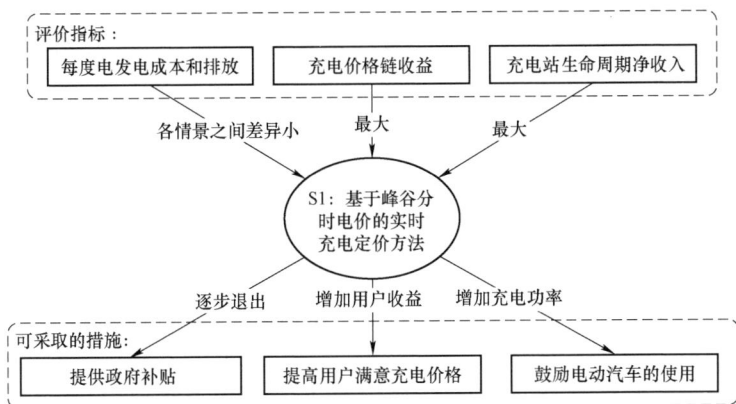

图6-2　公共充电站实时充电定价机制设计图

针对北京地区实时充电定价机制设计的建议总结如下：

（1）电动汽车发展初期充电定价应引入政府补贴，随后可逐步退出以减轻政府财政负担。由于我国的充电站主要由电网投资和建设，因此充电站与电力供应商的利益是一致的。电力供应商和充电站可以统称为充电服务运营商。情景一充电服务运营商的收益是最高的，但是其用户收益却是最低的。如果增加充电服务费，就会提高实时充电价格而不利于促进电动汽车充电功率的增长，同时也限制了电动汽车的推广。因此充电站不应该提高充电服务费，相反政府应该对充电站给予补贴。根据敏感性分析，政府补贴的引入能够很大程度地降低充电价格并改善用户的收益。

此外，还能提高充电服务运营商以及充电价格链的收益。尽管增加政府补贴加重了政府的财政负担，但情景一的充电价格链收益依然是最高的。因此基于峰谷分时电价的实时充电定价方法需要结合政府补贴的引入，尤其是在电动汽车的推广阶段。然而维持补贴需要政府提供大量资金，这必然会增加政府的财政负担。因此为了保证政府的利益，随着电动汽车的发展政府补贴应该逐步退出。

（2）通过提高用户满意充电价格保障用户的利益。此外，从式（2－29）可知提高用户满意充电价格可以增加用户的收益。用户满意充电价格和燃料电池与电动汽车使用成本的差异、燃油的成本、电动车电池的购买成本、维护费用和回收成本相关（路宽等，2014 年）。因此可以采取相应措施提高电动汽车用户满意充电价格：通过提高石油价格、增加对燃油汽车的税收及使用费用来增加燃油汽车的使用成本；减少或豁免电动汽车的税收和使用费用。

（3）鼓励推广电动汽车使用并引导更多用户有序充电，同时加强可再生能源的发电比例。当电动汽车的充电功率扩大后，情景一中充电服务运营商变成有盈余的。因此实时充电定价应能有序地引导用户多充电或鼓励更多人使用电动车。此外，随着电动汽车的推广，其对电网和环境的影响将更加明显：一方面，电动汽车的充电负荷可能会增加电网的峰谷差；另一方面，可能会加剧能源供应方面的温室气体排放。除了要使充电服务运营商和用户有利可图，实现电动汽车的峰荷负荷转移和环境保护同样重要。电动汽车发电端的温室气体排放量与电网电源结构密切相关，因此政府应该提高可再生能源的发电比例。

总之，基于峰谷分时电价的实时充电价格适用于北京地区。在未来的研究中，提出的实时充电定价模型不仅可以应用在其他城市，还可以用来预测电动汽车的充电功率，并在考虑电动汽车规模发展对电网影响以及可再生能源间歇性的基础上，构建充电定价模型。

6.2　私人充电桩充电定价策略

如图 6-3 所示，本章所构建的私人充电桩充电定价模型以最小化电网负荷峰谷为优化目标，并满足充电价格范围、电动私家车能源效率、减排效应、电力系统经济效益以及电网负荷峰谷差五项约束。通过输入 24h 电动私家车出行最后返回概率、电网常规负荷、电源结构、风电 24h 利用率以及其他参数，利用目标规划模型优化私人充电桩的峰谷分时充电价格。同时还可以模拟采用优化后的峰谷分时充电价格后，电动私家车对电网负荷转移效果、发电侧煤耗和二氧化碳减排量，以及充电服务运营商电力系统的收益。此外，通过敏感性分析，测试当电动私家车规模发展后，其充电功率对电网负荷的影响。

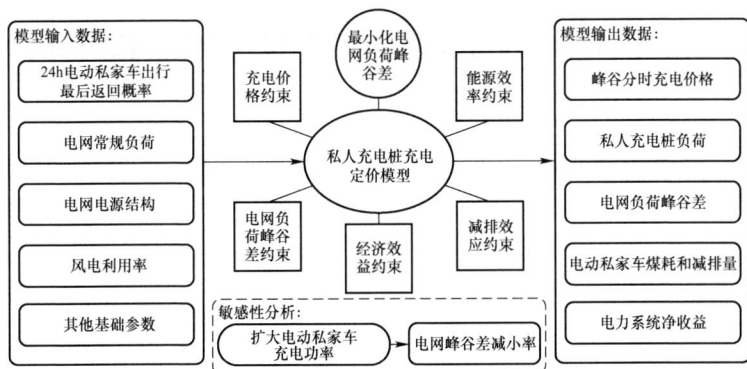

图 6-3　私人充电桩充电定价模型运作图

根据模型运行结果，图6-4显示优化后的峰谷分时充电价格可以减少发电侧煤耗量，同时增加电动私家车的减排量、提高电力系统向电动私家车的售电净收入。此外，随着电动私家车数量的增加，优化峰谷分时充电价格的负荷转移效果将愈加明显。针对北京地区私人充电桩充电定价策略的建议：① 峰段区间为从10点到17点，期间充电价格为1.8元/kWh；② 谷段区间为从23点至6点，期间充电价格为0.4元/kWh；③ 其余时间段执行平段电价1元/kWh。

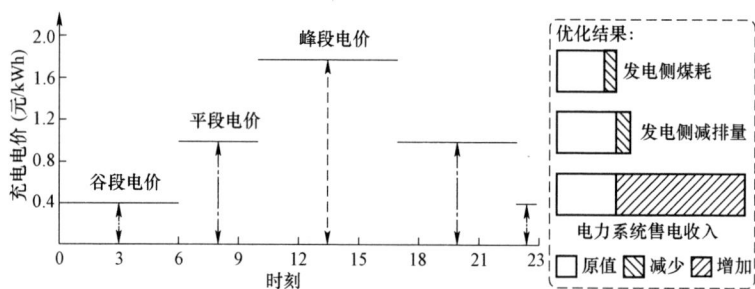

图6-4　私人充电桩充电定价图

6.3　换电站投资运营及实时换电定价策略

如图6-5所示，通过输入电动出租车换电频率、电网常规负荷、换电站用电价格及其他参数，本书所构建的换电站投资运营仿真模型能够确定三种充电策略下换电站需要购置的备用电池和充电机数量，并模拟出相应换电站用电负荷，从而计算电网的负荷峰谷差、发电侧减排量、原煤和铀耗量以及换电站生命周期净收入。此外，通过敏感性分析，确定影响换电站经济收益的关键因素，并测试增加车用电池租赁费和减少换电站建设数量对投资运营商收益的影响。

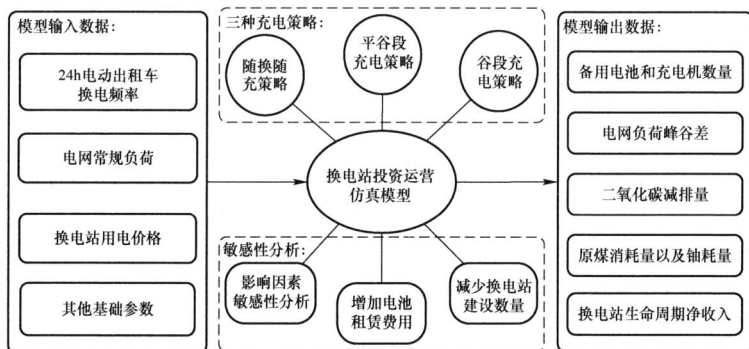

图 6-5　换电站投资运营模型运作图

图 6-6 为模型运行结果，可知谷段充电策略下换电站对电网的负荷转移效果最佳，其发电侧二氧化碳减排量最多煤耗量最少。敏感性分析结果显示电池成本和换电价格是影响换电站经济运营的关键因素。针对北京地区换电站的投资和运营可提出以下建议：① 当建设 200 座换电站时，随换随充策略、平谷段充电策略和谷段充电策略下单个换电站需要分别配置 136、404 个和 640 个备用电池以及 136、123 个和 182 个充电机；② 简单地提高换电价格不利于换电模式和电动汽车的推广，政府应该利用有效的换电定

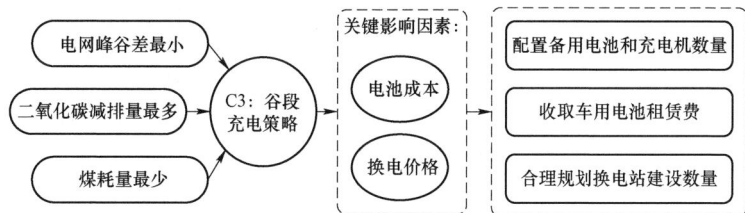

图 6-6　换电站投资运营设计图

价机制协调各参与方利益与引导用户有序换电;③ 换电站运营商应该向电动出租车司机收取一定的车用电池租赁费;④ 政府应该根据换电需求的时空分布以及当地电动汽车的推广情况来合理规划换电站的建设数量。

基于换电站投资运营模型的结果分析可知,有必要对换电定价进行研究。如图 6-7 所示,换电站实时换电定价模型模拟换电价格链的形成。通过输入 24h 换电站初始充电电池数量、换电电动出租车数量、风电和光伏发电利用率、煤电机组负荷修正系数、换电站用电价格以及其他参数,实时换电定价模型模拟四种换电定价情景和两种充电策略下的实时换电价格、电网负荷、每度电供电煤耗、发电侧碳减排量以及各参与方利益。通过敏感性分析验证模型的鲁棒性,并通过扩大电动出租车规模来测试用户换电行为对电网负荷的影响。

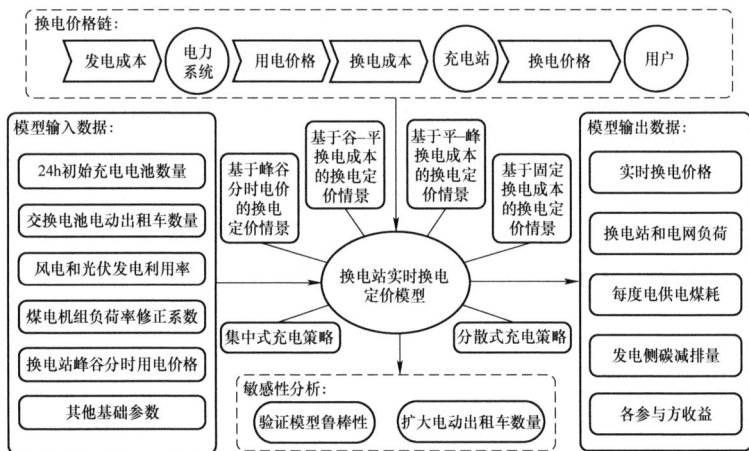

图 6-7　实时换电定价模型运作图

图 6-8 显示根据模型运行结果可知基于峰谷分时电价的换电定价方法相对其他换电定价情景更具有环保和综合经济效益。

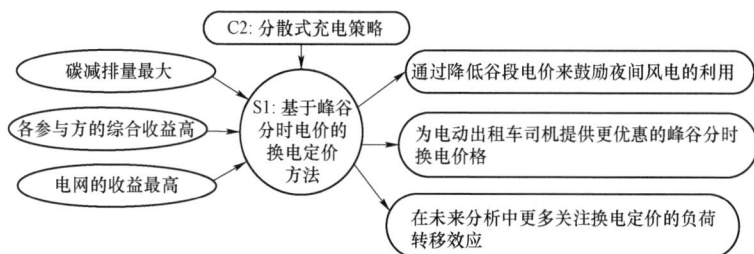

图 6-8　实时换电定价机制设计图

分散式充电策略相比集中式充电策略更有利于实现碳减排。相比固定的换电价格，变化的换电价格对负荷转移的影响更大，并能使各参与方的综合利益更大。基于峰谷分时电价的换电定价方法结合分散式充电策略能够实现最大的碳减排效果以及获得最高的各参与方综合利益。因此，该方案相对其他换电定价情景更适用于现有电动出租车规模。敏感性分析结果显示当电动出租车的规模扩大时，基于平峰换电价格的换电定价方法相比其他换电定价方法具有更优的负荷转移功能。为了最大化电动出租车的碳减排量和各参与方的综合利益，政府应该采用结合分散式充电策略基于峰谷分时电价的换电定价方案。该方案能够使电力系统的获利最高并能够平衡换电站和电动出租车司机的利益。本书旨在从系统的角度来提高电动汽车的能源效率和环境效应，而不仅仅是其经济效益。因此换电定价方案需要满足节能减排的前提，然后再考虑各参与方的经济利益。如果有相关利益者的经济利益受到损害，政府应该给予补偿。因此，针对海口地区换电定价机制设计的建议可以归纳如下：

（1）提供更加优惠的峰谷分时电价。由图 5-9 和表 5-8 可知，在谷时段大幅度降低换电价格有助于减少碳排放，并有利于提高电力系统利益以及各参与方的综合利益。由于电网在夜间谷时段能够提供充足的风电，因此通过降低谷段换电价格来鼓励电池的充电是合理有利的。这样不仅能降低火力发电机组的煤耗，还有利于夜间风电的利用。由于电动出租车处于推广时期，政府应该提供更加优惠的峰谷分时电价来确保电动出租车司机的利益，并通过市场机制规范电动出租车司机的充电行为以及平衡各参与方的利益。

（2）鼓励提高电网风电的发电比例。由于风电利用率与换电站负荷的形状相吻合，政府应该鼓励增加风电在电网的渗透率来提高电动出租车的能源效率。

（3）实现换电定价在大规模换电情景下显著的负荷转移效果。考虑到未来电动出租车数量的不断增加，政府需要充分利用换电定价的负荷转移效应。

本 章 小 结

合理的充换电定价机制，能够保证电动汽车的有序充换电，并有助于实现电动汽车节能减排的优势。但限于现有的充换电定价政策还不够完善，本书构建了公共充电站实时充电定价模型、私人充电桩充电定价模型、换电站投资运营模型以及实时换电定价模型，以研究充换电定价机制的设计。本章以框图的形式说明四个模型的运作方式，并分别对公共充电站充电定价策略、私人充电桩充电定价策略、换电站投资运营以及换电定价策略提出了相应的建议。

参 考 文 献

［1］ Wu Y, Yang Z, Lin B, et al. Energy consumption and CO_2, emission impacts of vehicle electrification in three developed regions of China ［J］. Energy Policy, 2012, 48 (5): 537−550.

［2］ Yao M, Liu H, Xuan F. The development of low-carbon vehicles in China ［J］. Energy Policy, 2011, 39 (9): 5457−5464.

［3］ Speidel S, Bräunl T. Driving and charging patterns of electric vehicles for energy usage ［J］. Renewable & Sustainable Energy Reviews, 2014, 40: 97−110.

［4］ Vliet O V, Brouwer A S, Kuramochi T, et al. Energy use, cost and CO_2, emissions of electric cars ［J］. Journal of Power Sources, 2011, 196 (4): 2298−2310.

［5］ 陈中, 刘艺, 周涛, 等. 考虑移动特性的电动汽车最优分时充电定价策略 ［J］. 电力自动化设备, 2020, 040（004）: 96−102.

［6］ 柳也东. 基于需求响应的电动汽车有序充电定价策略 ［D］. 燕山大学, 2019.

［7］ 杨扬, 秦桑, 郑锋, 等. 电动汽车充电站的充电定价策略研究 ［J］. 浙江电力, 2018, 037（006）: 58−62.

［8］ 罗卓伟, 胡泽春, 宋永华, 等. 大规模电动汽车充放电优化控制及容量效益分析 ［J］. 电力系统自动化, 2012, 36（10）: 19−26.

［9］ Schmidt J, Eisel M, Kolbe L M. Assessing the potential of different charging strategies for electric vehicle fleets in closed transport systems ［J］. Energy Policy, 2014, 74 (74): 179−189.

［10］ Foley A, Tyther B, Calnan P, et al. Impacts of Electric Vehicle charging under electricity market operations ［J］. Applied Energy, 2013, 101 (1):

93 - 102.

[11] Rangaraju S, Vroey L D, Messagie M, et al. Impacts of electricity mix, charging profile, and driving behavior on the emissions performance of battery electric vehicles: A Belgian case study [J]. Applied Energy, 2015, 148: 496 - 505.

[12] Azadfar E, Sreeram V, Harries D. The investigation of the major factors influencing plug-in electric vehicle driving patterns and charging behaviour [J]. Renewable & Sustainable Energy Reviews, 2015, 42: 1065 - 1076.

[13] Dallinger D, Wietschel M. Grid integration of intermittent renewable energy sources using price-responsive plug-in electric vehicles [J]. Renewable & Sustainable Energy Reviews, 2012, 16 (5): 3370 - 3382.

[14] 徐智威, 胡泽春, 宋永华, 等. 充电站内电动汽车有序充电策略[J]. 电力系统自动化, 2012, 36 (11): 38 - 43.

[15] Sun X H, Yamamoto T, Morikawa T. Charge timing choice behavior of battery electric vehicle users [J]. Transportation Research Part D, 2015, 37: 97 - 107.

[16] 徐智威, 胡泽春, 宋永华, 等. 基于动态分时电价的电动汽车充电站有序充电策略 [J]. 中国电机工程学报, 2014, 34 (22): 3638 - 3646.

[17] Zhang K, Xu L, Ouyang M, et al. Optimal decentralized valley-filling charging strategy for electric vehicles [J]. Energy Conversion & Management, 2014, 78 (2): 537 - 550.

[18] 于浩明, 黄纯, 张磊, 等. 基于分时电价机制的电动汽车用户侧有序充放电控制策略 [J]. 中国电力, 2014, 47 (12): 95 - 98.

[19] Valentine K, Temple W G, Zhang K M. Intelligent electric vehicle charging: Rethinking the valley-fill [J]. Journal of Power Sources, 2011, 196 (24): 10717 - 10726.

[20] Druitt J, Früh W G. Simulation of demand management and grid balancing

with electric vehicles[J]. Journal of Power Sources, 2012, 216: 104 - 116.

[21] Anderson E. Real-Time Pricing for Charging Electric Vehicles [J]. Electricity Journal, 2014, 27 (9): 105 - 111.

[22] Li Z, Ouyang M. The pricing of charging for electric vehicles in China— Dilemma and solution [J]. Energy, 2011, 36 (9): 5765 - 5778.

[23] 路宽, 刘思, 牛新生, 等. 运用成本效益分析的电动汽车充电电价制定 [J]. 电力系统及其自动化学报, 2014, 26（3）: 76 - 80.

[24] Pelzer D, Ciechanowicz D, Aydt H, et al. A price-responsive dispatching strategy for Vehicle-to-Grid: An economic evaluation applied to the case of Singapore [J]. Journal of Power Sources, 2014, 256 (3): 345 - 353.

[25] Arif A I, Babar M, Ahamed T P I, et al. Online scheduling of plug-in vehicles in dynamic pricing schemes [J]. Sustainable Energy Grids & Networks, 2016, 7: 25 - 36.

[26] Finn P, Fitzpatrick C, Connolly D. Demand side management of electric car charging: Benefits for consumer and grid [J]. Energy, 2012, 42 (1): 358 - 363.

[27] Kristoffersen T K, Capion K, Meibom P. Optimal charging of electric drive vehicles in a market environment [J]. Applied Energy, 2011, 88 (5): 1940 - 1948.

[28] Amoroso F A, Cappuccino G. Impact of charging efficiency variations on the effectiveness of variable-rate-based charging strategies for electric vehicles [J]. Journal of Power Sources, 2011, 196 (22): 9574 - 9578.

[29] López M A, Torre S D L, Martín S, et al. Demand-side management in smart grid operation considering electric vehicles load shifting and vehicle-to-grid support [J]. International Journal of Electrical Power & Energy Systems, 2015, 64: 689 - 698.

[30] 项顶, 宋永华, 胡泽春, 2013. 电动汽车参与 V2G 的最优峰谷电价研究 [J]. 中国电机工程学报, 33（31）: 15 - 25.

［31］ 邹文，吴福保，刘志宏. 实时电价下插电式混合动力汽车智能集中充电策略［J］. 电力系统自动化，2011，35（14）：62－67.

［32］ Hu Z, Zhan K, Zhang H, et al. Pricing mechanisms design for guiding electric vehicle charging to fill load valley［J］. Applied Energy, 2016, 178: 155－163.

［33］ 史乐峰. 需求侧管理视角下的电动汽车充放电定价策略研究［D］. 重庆大学，2012.

［34］ 李明洋，邹斌. 电动汽车充放电决策模型及电价的影响分析［J］. 电力系统自动化，2015（15）：75－81.

［35］ Lunz B, Yan Z, Gerschler J B, et al. Influence of plug-in hybrid electric vehicle charging strategies on charging and battery degradation costs［J］. Energy Policy, 2012, 46 (3): 511－519.

［36］ Huang S, Hodge B M S, Taheripour F, et al. The effects of electricity pricing on PHEV competitiveness［J］. Energy Policy, 2011, 39 (3): 1552－1561.

［37］ Shepherd S, Bonsall P, Harrison G. Factors affecting future demand for electric vehicles: A model based study［J］. Transport Policy, 2012, 20 (1): 62－74.

［38］ He Y, Zhang J. Real-time electricity pricing mechanism in China based on system dynamics［J］. Energy Conversion & Management, 2015, 94: 394－405.

［39］ 李东东，邹思源，刘洋，等. 共享模式下的充电桩引导与充电价格研究［J］. 电网技术，2017（12）：3971－3979.

［40］ 高亚静，吕孟扩，王球，等. 基于离散吸引力模型的电动汽车充放电最优分时电价研究［J］. 中国电机工程学报，2014，34（22）：3647－3653.

［41］ 吕孟扩. 适用于电动汽车充放电的分时电价研究［D］. 华北电力大学，2014.

［42］ Zhang L, Li Y. Regime-Switching Based Vehicle-to-Building Operation against Electricity Price Spikes [J]. Energy Economics, 2017, 66: 1 – 8.

[43] 葛少云，黄缪，刘洪. 电动汽车有序充电的峰谷电价时段优化 [J]，电力系统保护与控制，2012，40（10）：1 – 5.

[44] 戴诗容，雷霞，程道卫，等. 电动汽车峰谷分时充放电电价研究 [J]. 电网与清洁能源，2013，29（007）：77 – 82.

[45] 葛少云，王龙，刘洪，等. 计及电动汽车入网的峰谷电价时段优化模型研究 [J]. 电网技术，2013（08）：2316 – 2321.

[46] 项顶，宋永华，胡泽春，等. 电动汽车参与 V2G 的最优峰谷电价研究 [J]. 中国电机工程学报，2013，33（31）：15 – 25.

[47] Dufo-López R, Bernal-Agustín J L. Techno-economic analysis of grid-connected battery storage [J]. Energy Conversion & Management, 2015, 91: 394 – 40.

[48] Deng C, Liang N, Tan J, et al. Multi-Objective Scheduling of Electric Vehicles in Smart Distribution Network [J]. Sustainability, 2016, 8 (12): 123.

[49] Zhang Q, Mclellan B C, Tezuka T, et al. A methodology for economic and environmental analysis of electric vehicles withdifferent operational conditions [J]. Encrgy, 2013, 61 (6): 118 – 127.

[50] Yu L, Li Y P, Huang G H, et al. A robust flexible-probabilistic programming method for planning municipal energy system with considering peak-electricity price and electric vehicle [J]. Energy Conversion & Management, 2017, 137: 97 – 112.

[51] Dias M V X, Haddad J, Nogueira L H, et al. The impact on electricity demand and emissions due to the introduction of electric cars in the São Paulo Power System [J]. Energy Policy, 2014, 65: 298 – 304.

[52] Liu N, Lin X, Chen Q, et al. Optimal Configuration for Batteries and Chargers in Battery Switch Station Considering Extra Waiting Time of Electric Vehicles [J]. Journal of Energy Engineering, 2016, 143 (1):

1 – 11.

[53] Rao R, Zhang X, Xie J, et al. Optimizing electric vehicle users' charging behavior in battery swapping mode [J]. Applied Energy, 2015, 155: 547 – 559.

[54] Liu J. Electric vehicle charging infrastructure assignment and power grid impacts assessment in Beijing[J]. Energy Policy, 2012, 51 (6): 544 – 557.

[55] 李捷，杨冰. 电动汽车换电站参与电力市场辅助服务的经济效益研究 [J]. 中国电力，2020，53（12）：258 – 262+269.

[56] Yang S, Yao J, Kang T, et al. Dynamic operation model of the battery swapping station for EV (electric vehicle)in electricity market[J]. Energy, 2014, 65 (1): 544 – 549.

[57] Huang X, Qiang H, Zhang Q, et al. Research on ISFLA-Based Optimal Control Strategy for the Coordinated Charging of EV Battery Swap Station [J]. Mathematical Problems in Engineering, 2013 (4): 1 – 7.

[58] Liu N, Chen Q, Lu X, et al. A Charging Strategy for PV-Based Battery Switch Stations Considering Service Availability and Self-Consumption of PV Energy [J]. IEEE Transactions on Industrial Electronics, 2015, 62 (8): 4878 – 4889.

[59] Kang Q, Wang J B, Zhou M C, et al. Centralized Charging Strategy and Scheduling Algorithm for Electric Vehicles Under a Battery Swapping Scenario [J]. IEEE Transactions on Intelligent Transportation Systems, 2016, 17 (3): 659 – 669.

[60] Sarker M R, Pandžić H, Ortega-Vazquez M A. Optimal Operation and Services Scheduling for an Electric Vehicle Battery Swapping Station [J]. IEEE Transactions on Power Systems, 2015, 30 (2): 901 – 910.

[61] Nurre S G, Bent R, Pan F, et al. Managing operations of plug-in hybrid electric vehicle (PHEV)exchange stations for use with a smart grid [J]. Energy Policy, 2014, 67 (2): 364 – 377.

［62］ 王琪瑛, 李英, 李惠. 带软时间窗的电动车换电站选址路径问题研究 ［J］. 工业工程与管理, 2019, 24 (03): 99－106.

［63］ 张勇, 顾腾飞. 电池交换式电动汽车换电站优化模型研究 ［J］. 华南理工大学学报 (自然科学版), 2018, 46 (12): 128－138.

［64］ Zheng Y, Dong Z Y, Xu Y, et al. Electric Vehicle Battery Charging/Swap Stations in Distribution Systems: Comparison Study and Optimal Planning ［J］. IEEE Transactions on Power Systems, 2013, 29 (1): 221－229.

［65］ Yang J, Guo F, Zhang M. Optimal planning of swapping/charging station network with customer satisfaction ［J］. Transportation Research Part E Logistics & Transportation Review, 2017, 103: 174－197.

［66］ Hof J, Schneider M, Goeke D. Solving the battery swap station location-routing problem with capacitated electric vehicles using an AVNS algorithm for vehicle-routing problems with intermediate stops ［J］. Transportation Research Part B Methodological, 2017, 97: 102－112.

［67］ Mak H Y, Shen Z J M. Infrastructure Planning for Electric Vehicles with Battery Swapping ［J］. Management Science, 2013, 59 (7): 1557－1575.

［68］ 代倩, 段善旭, 蔡涛, 等. 电动汽车充换电站的成本效益模型及敏感性分析 ［J］. 电力系统自动化, 2014, 38 (24): 41－47.

［69］ 孙丙香, 何婷婷, 牛军龙, 等. 基于换电和电池租赁模式的纯电动汽车运营成本评估及预测研究 ［J］. 电工技术学报, 2014, 29 (4): 316－322.

［70］ Xu M, Meng Q, Liu K. Network user equilibrium problems for the mixed battery electric vehicles and gasoline vehicles subject to battery swapping stations and road grade constraints ［J］. Transportation Research Part B Methodological, 2017, 99: 138－166.

［71］ Adler J D, Mirchandani P B. Online routing and battery reservations for electric vehicles with swappable batteries ［J］. Transportation Research Part B, 2014, 70 (C): 285－302.

［72］ 毛海鹏，张勇军，王浩林，羿应棋. 基于模块分割式电池的换电站充电策略优化 ［J］. 电力自动化设备，2020，40（04）：111 – 117.

［73］ Flath C M, Ilg J P, Gottwalt S, et al. Improving Electric Vehicle Charging Coordination Through Area Pricing ［J］. Social Science Electronic Publishing, 2014, 48 (4).

［74］ He F, Yin Y, Wang J, et al. Sustainability SI: Optimal Prices of Electricity at Public Charging Stations for Plug-in Electric Vehicles ［J］. Networks & Spatial Economics, 2016, 16 (1): 131 – 154.

［75］ Xydas E, Marmaras C, Cipcigan L M. A multi-agent based scheduling algorithm for adaptive electric vehicles charging ［J］. Applied Energy, 2016, 177: 354 – 365.

［76］ Soares J, Ghazvini M A F, Borges N, et al. Dynamic electricity pricing for electric vehicles using stochastic programming ［J］. Energy, 2017, 122: 111 – 127.

［77］ Ma Z, Zou S, Ran L, et al. Efficient decentralized coordination of large-scale plug-in electric vehicle charging ［J］. Automatica, 2016, 69 (C): 35 – 47.

［78］ Bashash S, Fathy H K. Cost-Optimal Charging of Plug-In Hybrid Electric Vehicles Under Time-Varying Electricity Price Signals［J］. IEEE Transactions on Intelligent Transportation Systems, 2014, 15 (5): 1958 – 1968.

［79］ Xi X, Sioshansi R. Using Price-Based Signals to Control Plug-in Electric Vehicle Fleet Charging［J］. IEEE Transactions on Smart Grid, 2014, 5 (3): 1451 – 1464.

［80］ 孙伟卿，王承民，曾平良，等. 基于线性优化的电动汽车换电站最优充放电策略 ［J］. 电力系统自动化，2014，38（1）：21 – 27.

［81］ 陈思，张焰，薛贵挺，等. 考虑与电动汽车换电站互动的微电网经济调度 ［J］. 电力自动化设备，2015，35（4）：60 – 69.

［82］ Soltani N Y, Kim S J, Giannakis G B. Real-Time Load Elasticity Tracking and Pricing for Electric Vehicle Charging[J]. IEEE Transactions on Smart Grid, 2015, 6 (3): 1303 – 1313.

[83] Zhao B, Shi Y, Dong X. Pricing and Revenue Maximization for Battery Charging Services in PHEV Markets [J]. IEEE Transactions on Vehicular Technology, 2014, 63 (4): 1987 – 1993.

[84] Kim Y, Kwak J, Chong S. Dynamic Pricing, Scheduling, and Energy Management for Profit Maximization in PHEV Charging Stations [J]. IEEE Transactions on Vehicular Technology, 2017, 66 (2): 1011 – 1026.

[85] Yuan W, Huang J, Zhang Y J. Competitive Charging Station Pricing for Plug-In Electric Vehicles [J]. IEEE Transactions on Smart Grid, 2015, PP (99): 1 – 13.

[86] Armstrong M, Moussa C E H, Adnot J, et al. Optimal recharging strategy for battery-switch stations for electric vehicles in France [J]. Energy Policy, 2013, 60 (10): 569 – 582.

[87] Link H. Is car drivers' response to congestion charging schemes based on the correct perception of price signals[J]. Transportation Research Part A, 2015, 71: 96 – 109.

[88] 陈广开，曲大鹏，胡晓静，等. 基于全生命周期分析的电动汽车充换电站成本收益评估 [J]. 电力建设，2016，37（1）：30 – 37.

[89] Han H, Ou X, Du J, et al. China's electric vehicle subsidy scheme: Rationale and impacts [J]. Energy Policy, 2014, 73 (C): 722 – 732.

[90] 常方宇，黄梅，张维戈. 分时充电价格下电动汽车有序充电引导策略 [J]. 电网技术，2016，40（9）：2609 – 2615.

[91] 苏海锋，梁志瑞. 基于峰谷电价的家用电动汽车居民小区有序充电控制方法 [J]. 电力自动化设备，2015，35（6）：17 – 22.

[92] 宋艺航. 中国电力资源跨区域优化配置模型研究[D]. 华北电力大学，2014.

［93］ 戢时雨，高超，陈彬，等. 基于生命周期的风电场碳排放核算［J］. 生态学报，2016，36（4）：915－923.

［94］ 夏德建. 基于情景分析的发电侧碳排放生命周期计量研究［D］. 重庆大学，2010.

［95］ 张兴平，饶娆，冯一帆. 电动出租车充电行为分析及综合效益跨区域对比［J］. 中国电力，2016，48（2）：141－147.

［96］ Langbroek J H M, Franklin J P, Susilo Y O. When do you charge your electric vehicle? A stated adaptation approach［J］. Energy Policy, 2017, 108: 565－573.

［97］ 褚景春，傅渝洁，张怡，等. 考虑减排成本的综合资源规划模型与实证研究［J］. 华东电力，2009，37（11）：1799－1802.

［98］ 聂龑，吕涛. 考虑环境成本的燃煤发电与光伏发电成本比较研究［J］. 中国人口资源与环境，2015，25（11）：88－94.

［99］ Pearre N S, Swan L G. Electric vehicle charging to support renewable energy integration in a capacity constrained electricity grid［J］. Energy Conversion & Management, 2016, 109: 130－139.

［100］ Ning G, Zhen Z, Wang P, et al. Economic Analysis on Value Chain of Taxi Fleet with Battery-Swapping Mode Using Multiobjective Genetic Algorithm［J］. Mathematical Problems in Engineering, 2012, 2012 (2012): 939－955.